TUJIE JIANZHU GONGCHENG
ANQUAN WENMING SHIGONG

图解建筑工程
安全文明施工

★ 贾虎 编著 ★

化学工业出版社
·北京·

本书根据建筑工程的特点，分别从临时配套设施、建筑工程常用设备、各分项工程施工以及建筑工程施工管理等几个方面对施工安全文明操作进行解析。全书在内容上首先从建筑工程的配套设施安全文明布置进行讲解，其次介绍建筑工程中常用设备的安全文明操作，最后对建筑工程中的各分项安全文明施工的细节进行详细的剖析，这样层级分明，可以快速帮助读者找到自身需要的知识点，从而节省时间，提高工作效率。

本书内容简明实用、图文并茂，适用性和实际操作性较强，可作为从事建筑工程现场安全管理人员、质量检查人员、相关技术人员的参考用书，也可作为企业培训和土木工程相关专业大中专院校师生的参考资料。

图书在版编目（CIP）数据

图解建筑工程安全文明施工／贾虎编著． —北京：
化学工业出版社，2018.2（2025.4重印）
ISBN 978-7-122-31229-7

Ⅰ．①图⋯　Ⅱ．①贾⋯　Ⅲ．①建筑工程-工程
施工-安全工程-图解　Ⅳ．①TU714-64

中国版本图书馆CIP数据核字（2017）第315708号

责任编辑：彭明兰　　　　　　　　　　装帧设计：刘丽华
责任校对：王　静

出版发行：化学工业出版社（北京市东城区青年湖南街13号　邮政编码100011）
印　　装：涿州市般润文化传播有限公司
880mm×1230mm　1/32　印张7　字数171千字
2025年4月北京第1版第13次印刷

购书咨询：010-64518888　　　　　　　售后服务：010-64518899
网　　址：http://www.cip.com.cn
凡购买本书，如有缺损质量问题，本社销售中心负责调换。

定　价：38.00元

前言

　　随着我国建筑行业的快速发展，建筑业已成为我国国民经济五大支柱产业之一。近几年随着施工工艺的不断进步、新材料的不断研发，人们对建筑物的外观质量和内在要求也有着更高的要求。因此在建筑行业快速发展的过程中，"安全文明施工"这个话题也是十分的火热，引起行业人士以及社会中的各个群体不断地关注。

　　本书在讲解基础知识的过程中，精选建筑施工常用知识，例如建筑施工现场安全布置等内容；分项施工讲解过程中，根据施工技术要求和规范等内容对各分项安全施工进行详解，重点内容讲解过程中配有相关的现场照片（技术要求和操作细节直接在图中进行拉线标注），对常用涉及安全的数据进行整理，这种标题突出、简洁明了的内容编排形式，便于读者便捷地找到自己所需要的内容和更好地提高自身的专业技能；最后在对安全文明施工管理内容讲解过程中，增加安全施工方案编制、安全施工管理等内容。

　　本书由贾虎编著，感谢为本书编写提供帮助的刘向宇、黄肖、安平、蔡志宏、刘团团、李小丽、李玲、李四磊、刘杰、刘彦萍、刘伟、刘全、梁越、孙银青、王军、王力宇、王广洋、许静、谢永亮、肖冠军、于兆山、张志贵、任雪东、武宏达、徐武等人。

本书在编写过程中参考了有关文献和一些项目施工管理经验性文件，并且得到了许多专家和相关单位的关心与大力支持，在此表示衷心的感谢。

由于编写时间和水平有限，尽管编者尽心尽力，反复推敲核实，但难免有疏漏及不妥之处，恳请广大读者批评指正，以便做进一步的修改和完善。

目录

第一章

建筑施工现场基础设施安全布置

第一节　施工现场基础配套设施的布置

一、围挡的布置

为了便于施工管理，防止与施工作业无关的人员进入施工现场，防止施工作业影响周围环境，施工现场必须要采用封闭围挡，如图1-1所示。

安全布置指导：在主要路段与市容景观道路及机场码头、车站、广场设置的围挡，其高度不应低于2.5m；在其他路段设置的围挡，其高度不应低于1.8m。

图1-1　封闭围挡

围挡布置的安全操作要点如下。

（1）围挡的材料应当采用砖墙（图1-2）、木板或者瓦楞板等材料，不得采用竹笆、彩条布等。围挡应做到稳固、整洁美观。

经验指导：砖墙围挡的墙面需抹光时，一般采用砂浆抹光。

图1-2　砖砌围挡

（2）围挡外不得堆放建筑材料、垃圾及工程渣土；围挡的设置必须沿工地四周连续进行，不能有缺口或者出现个别处不坚固等问题。

（3）施工现场进出口应当设置大门，有门卫室，并设警卫人员，制订值班制度，如图1-3所示。

图1-3　施工现场大门设置

二、施工现场标牌的布置

施工现场的入口处应当设置"一图五牌"，即工程总平面布置图（图1-4）、工程概况牌（图1-5）、管理人员及监督电话牌（图1-6）、安全生产牌（图1-7）、消防保卫牌（图1-8）以及文明施工牌（图1-9），以接受群众监督。

图1-4　工程总平面布置图

经验指导：牌中应写明工程名称，面积，层数，建设单位，设计单位，监理单位，开、竣工日期，项目经理及联系电话等内容。

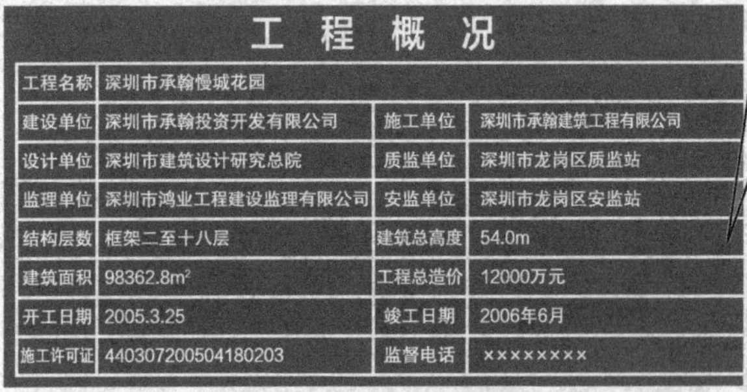

工 程 概 况

工程名称	深圳市承翰慢城花园		
建设单位	深圳市承翰投资开发有限公司	施工单位	深圳市承翰建筑工程有限公司
设计单位	深圳市建筑设计研究总院	质监单位	深圳市龙岗区质监站
监理单位	深圳市鸿业工程建设监理有限公司	安监单位	深圳市龙岗区安监站
结构层数	框架二至十八层	建筑总高度	54.0m
建筑面积	98362.8m²	工程总造价	12000万元
开工日期	2005.3.25	竣工日期	2006年6月
施工许可证	440307200504180203	监督电话	×××××××

图1-5 工程概况牌

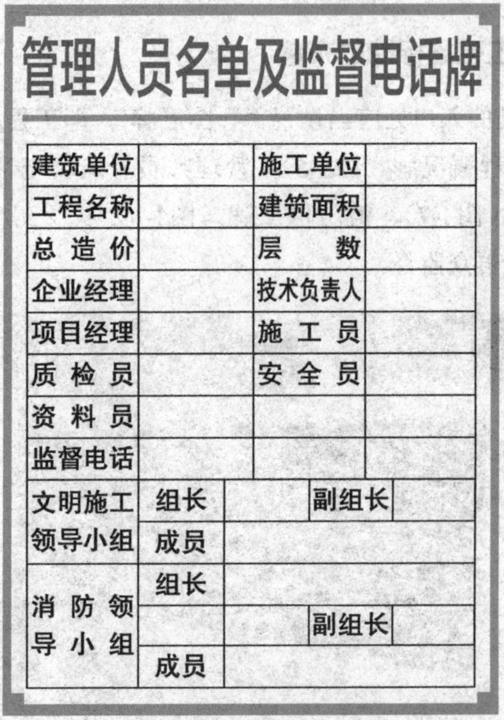

管理人员名单及监督电话牌

建筑单位		施工单位	
工程名称		建筑面积	
总造价		层 数	
企业经理		技术负责人	
项目经理		施工员	
质检员		安全员	
资料员			
监督电话			
文明施工领导小组	组长		副组长
	成员		
消防领导小组	组长		
			副组长
	成员		

图1-6 管理人员及监督电话牌

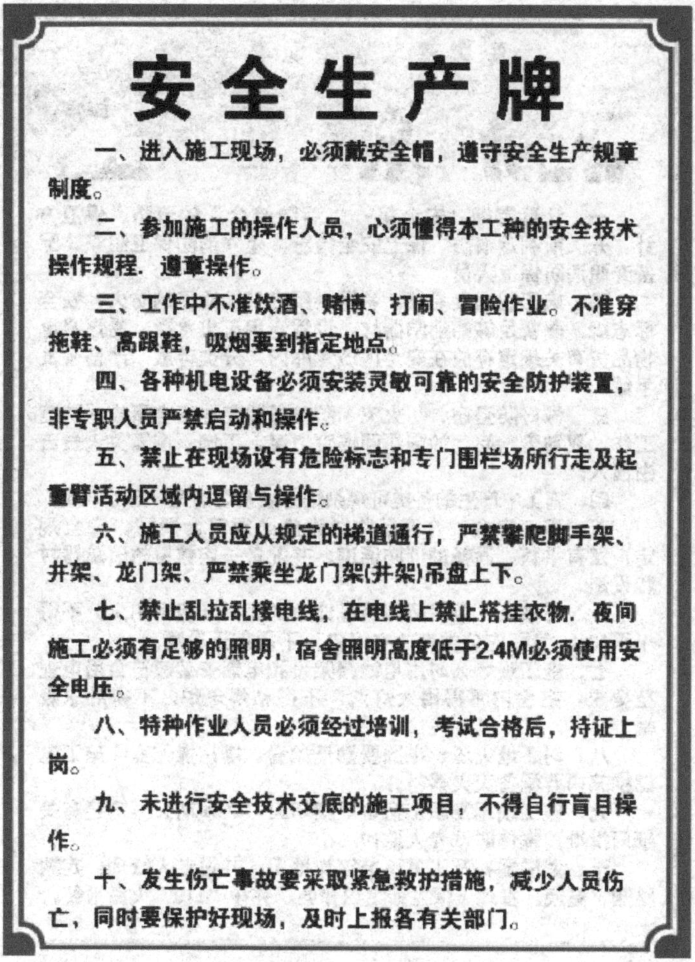

安全生产牌

一、进入施工现场，必须戴安全帽，遵守安全生产规章制度。

二、参加施工的操作人员，心须懂得本工种的安全技术操作规程．遵章操作。

三、工作中不准饮酒、赌博、打闹、冒险作业。不准穿拖鞋、高跟鞋，吸烟要到指定地点。

四、各种机电设备必须安装灵敏可靠的安全防护装置，非专职人员严禁启动和操作。

五、禁止在现场设有危险标志和专门围栏场所行走及起重臂活动区域内逗留与操作。

六、施工人员应从规定的梯道通行，严禁攀爬脚手架、井架、龙门架、严禁乘坐龙门架(井架)吊盘上下。

七、禁止乱拉乱接电线，在电线上禁止搭挂衣物．夜间施工必须有足够的照明，宿舍照明高度低于2.4M必须使用安全电压。

八、特种作业人员必须经过培训，考试合格后，持证上岗。

九、未进行安全技术交底的施工项目，不得自行盲目操作。

十、发生伤亡事故要采取紧急救护措施，减少人员伤亡，同时要保护好现场，及时上报各有关部门。

图1-7　安全生产牌

一、认真贯彻"安全第一、消防结合"的消防、保卫方针。开工前制定消防、保卫安全措施，建立消防保卫组织，配备专职消防保卫人员。

二、施工现场及易燃、易爆场所应悬挂明显的防火、安全标志牌，配备足够的消防器材，设置专用灭火水源。易燃易爆物品按有关规定存放在安全区域专库内，分类存放，严格领发手续。

三、做好防盗窃、防火灾、防破坏和其他安全事故的防范工作，要勤查勤问，加强巡回巡查力度，工地不准无关人员自由出入。

四、施工中产生的各类可燃杂物必须及时清理，定点堆放。

五、职工宿舍、仓库等临时设施必须符合消防、安全规定，留有平整、通畅的消防通道，并配备一定数量的消防器材和设施。

六、乙炔瓶、氧气瓶与施焊作业的距离（包括明火）不得小于10m。气瓶应分类存放在库内，不得露天暴晒。

七、施工现场临时用电线路架设和电器安装应符合用电规范要求，宿舍内不得用大灯泡，不得私烧电炉，不得卧床吸烟。

八、对工地火源、电源要勤查勤看。塔吊操作室、施工电梯梯笼内要配备灭火器材。

九、施工现场及职工宿舍严禁明火，必须动火时需经有关部门批准，操作时派专人监护。

十、消防器材及工具不准挪作他用，并设专人管理，定期检测、更换。发现火情立即组织扑救，并拨"119"火警报警。

图1-8　消防保卫牌

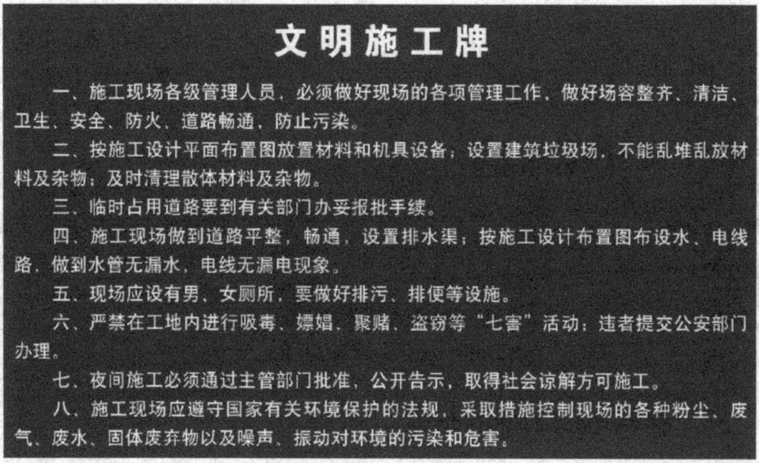

文明施工牌

一、施工现场各级管理人员，必须做好现场的各项管理工作，做好场容整齐、清洁、卫生、安全、防火、道路畅通，防止污染。

二、按施工设计平面布置图放置材料和机具设备；设置建筑垃圾场，不能乱堆乱放材料及杂物；及时清理散体材料及杂物。

三、临时占用道路要到有关部门办妥报批手续。

四、施工现场做到道路平整、畅通，设置排水渠；按施工设计布置图布设水、电线路，做到水管无漏水，电线无漏电现象。

五、现场应设有男、女厕所，要做好排污、排便等设施。

六、严禁在工地内进行吸毒、嫖娼、聚赌、盗窃等"七害"活动；违者提交公安部门办理。

七、夜间施工必须通过主管部门批准，公开告示，取得社会谅解方可施工。

八、施工现场应遵守国家有关环境保护的法规，采取措施控制现场的各种粉尘、废气、废水、固体废弃物以及噪声、振动对环境的污染和危害。

图1-9 文明施工牌

施工现场标牌布置要点如下。

（1）施工单位应在施工起重机械、临时用电设施、脚手架、出入通道口、楼梯口、电梯井口、孔洞口、隧道口、桥梁口、基坑边沿、爆破物以及有害危险气体和液体存放处等危险部位，设置明显的安全警示标志（图1-10）。

图1-10 出入通道口安全标志布置

（2）生产作业场所需设有机械操作岗位安全操作规程牌，如图1-11所示。

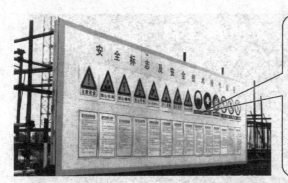

安全布置指导：图牌应当设置稳固、规格统一、位置合理、字迹端正、线条清晰、表示明确。各种安全警示标志设置后，未经施工单位负责人批准，不得擅自移动或拆除。

图1-11　安全操作规程牌的布置

三、材料堆放场地的布置

施工现场要保持场容场貌整洁，物料堆放整齐，各种物具要按施工平面图位置存放，并做好标记，使施工现场满足"布局合理、功能完备、环境整洁、物流有序、设备完好、生产均衡"的要求。

材料堆放场地布置的操作要点如下。

（1）建筑材料，设备器材，现场制品、成品、半成品、构配件等应当严格按现场平面布置图指定位置堆放并且挂上标牌（图1-12），注明名称、规格、品种，建立收、发、存保管制度。

图1-12　材料整齐堆放在规定位置上

（2）特殊材料在使用与保存时应有相应的防尘、防火、防爆、防潮、防雨、防毒等措施，如图1-13所示。

图1-13 材料堆放采取防护措施

（3）易燃易爆物品应当设置危险品仓库（图1-14），并做到分类存放。

库房应整洁，各类物品堆放整齐，过目能成数，账、卡、物三相符，有专人管理，有收、发、存管理制度。货架稳固整齐、库容整洁、道路通畅。

图1-14 危险品专用库房

（4）工作面每日应当做到工完料尽场地清。对坠落附着物需及时清理，严禁堆积建筑垃圾，同时注意与生活垃圾分开堆放（图1-15）。

图1-15 垃圾分类堆放

第二节 施工现场临时建筑以及设施的布置

一、宿舍的安全布置

施工现场应按照相关规定在指定的地点建造临时集体宿舍（图1-16），在未竣工的建筑物内不得设置员工集体宿舍。

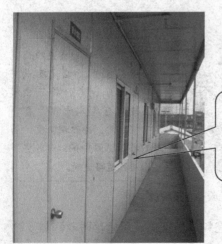

宿舍内应当保证有必要的生活空间，室内净高不得小于2.4m，通道宽度不得小于0.9m，每间宿舍居住人员不能超过16人。

图1-16 某施工现场集体宿舍

宿舍安全布置的操作要点如下。

（1）施工现场宿舍需设置可开启式窗户（图1-17）。宿舍内的床铺不得超过2层，严禁使用通铺。

图1-17　宿舍采用开启式窗户

（2）宿舍内应当设置生活用品专柜，有条件的宿舍宜设置生活用品储藏室。

（3）宿舍内应当设置垃圾桶，宿舍外宜设置鞋柜或者鞋架。生活区内应当提供为作业人员晾晒衣物的场地（图1-18）。

图1-18　晾晒衣物的场地

（4）生活废水应当有污水池（图1-19），二楼以上也要有水源及水池，做到卫生区内无污水、无污物。

图1-19　生活区污水池

二、食堂的安全布置

建筑施工现场的食堂（图1-20）应当设置在远离厕所、垃圾站、有毒有害场所等污染源的地方；食堂应当有相应的更衣、消毒、盥洗、采光、照明、通风、防蝇、防尘设备及通畅的上水管道。采购运输需有专用食品容器及专用车。

图1-20　施工现场食堂

施工现场食堂安全布置的操作要点如下。

（1）食堂要有与进餐人数相适应的餐厅。餐厅应当设有洗碗池、洗手设备。餐厅外应当设置密闭式泔水桶，且应及时清运。

（2）食堂应当设置独立的制作间（图1-21）、储藏间。门扇下方应设不低于0.2m、采用金属材料包裹的防鼠挡板，以防老鼠啃咬。

制作间应当分为主食间、副食间、烧火间，有条件的，可以分开设置生料间、摘菜间、炒菜间、冷荤间及面点间。制作间灶台及其周边应贴瓷砖，所贴瓷砖高度不宜小于1.5m，地面应做硬化与防滑处理。炉灶应有通风排烟设备。

图1-21　施工现场食堂的制作间

（3）食堂应当设置隔油池（图1-22），并且要及时清理。

隔油池是指食堂在生活用水排入市政管道之前设置的阻挡废弃油污进入市政管道的池子。

图1-22　隔油池

（4）食堂、盥洗室、淋浴间的下水管线应当设置过滤网，并应与市政污水管连线，保证排水通畅。

三、拌合站的安全布置

施工单位签订合同后，应按照"工厂化、集约化、专业化"的要求立即着手进行拌合站（图1-23）的选址与规划，在规定的时间内明确拌合站设置规模及位置，并编写建设方案，内容包括位置、占地面积、功能区划分、场内道路布置、排水设施布置、水电设施设置及施工设备的型号、数量等。

图1-23　施工现场拌合站

拌合站安全布置的操作要点如下。

（1）拌合站由项目部直接进行建设及管理，不得分包、转包给其他单位或个人。

（2）拌合站及拌合站作业地点、施工便道的修建要保证混凝土运输车等施工车辆在晴天和雨天都能顺畅通行。

（3）拌合站建设应综合考虑施工生产情况，合理划分生活区、拌和作业区、材料计量区、材料库及运输车辆停放区等。拌合站的生活区应同其他区隔离开，场地应进行硬化处理。

四、钢筋加工场的安全布置

施工单位签订合同后，应按照"工厂化、集约化、专业化"的要求立即着手进行钢筋加工场（图1-24）的选址与规划，一个月内明确钢筋加工场设置规模及位置，并编写建设方案，内容包括位置、占地面积、功能区划分、场内道路布置、排水设施布置、水电设施设置及施工设备的型号、数量等。

大型钢筋加工场必须配备数控钢筋弯曲机1台、数控弯箍机1台，保证工程所需各种钢筋均由机械自动加工成型。

图1-24 钢筋加工场

钢筋加工场安全布置操作要点如下。

（1）钢筋加工场的规模及功能应符合投标文件承诺的有关要求及满足施工需要。材料堆放区、成品区、作业区应分开或隔离。

（2）钢筋加工场必须配备桁式起重机或门式起重机（图1-25）。起重机必须由专业厂家生产，使用前须获得有关部门的鉴定，严禁使用自行组装的起重机。

门式起重机是桥式起重机的一种变形，又叫龙门吊，主要用于室外的货场、料场货、散货的装卸作业。它的金属结构像门形框架，承载主梁下安装两条支脚，可以直接在地面的轨道上行走，主梁两端可以具有外伸悬臂梁。门式起重机具有场地利用率高、作业范围大、适应面广、通用性强等特点。

图1-25　钢筋加工场的门式起重机

第二章

建筑工程常用设备安全文明操作

第一节　土石方施工常用机械安全文明操作

一、单斗挖掘机安全文明操作

单斗挖掘机（图2-1）主要是一种土方机械。在建筑工程中，单斗挖掘机可挖掘基坑、沟槽，清理和平整场地，是建筑工程土方施工中很重要的机械设备。在更换工作装置后还可以进行破碎、装卸、起重、打桩等作业任务。

> 单斗挖掘机的种类：根据其工作装置的不同，分为正铲、反铲、拉铲、抓铲4种。

图2-1　单斗挖掘机

1. 单斗挖掘机安全文明施工作业要点

（1）挖掘机作业时，除松散土壤外，其最大开挖高度和深度不应超过机械本身性能规定。在拉铲或反铲作业时，履带距工作面边缘距离应大于1.0m（图2-2），轮胎距工作面边缘距离应大于1.5m。

（2）作业中，当液压缸伸缩将达到极限位时，应动作平稳，不得冲撞极限块。

履带距工作面边缘距离应大于1.0m。

图2-2　拉铲作业

（3）作业中，当需制动时，应将变速阀置于低速挡位置。

（4）作业中，当发现挖掘力突然变化，应停机检查，严禁在未查明原因前擅自调整分配阀压力。

（5）反铲作业时，斗臂应停稳后再挖土。挖土时，斗柄伸出不宜过长，提斗不得过猛。

（6）作业中，履带式挖掘机作短距离行走时，主动轮应在后面，斗臂应在正前方与履带平行，制动住回转机构，铲斗应离地面1m。上、下坡道不得超过机械本身允许最大坡度，下坡应慢速行驶，不得在坡道上变速和空挡滑行。

2. 单斗挖掘机安全文明操作经验指导

（1）当遇较大的坚硬石块或障碍物时，应将其清除后方可开挖，不得用铲斗破碎石块、冻土，或用单边斗齿硬啃。

（2）在坑边进行挖掘作业，当发现有塌方危险时，应立即处理或将挖掘机撤至安全地带。作业面不得留有伞沿状及松动的大块石。

（3）向运土车辆装车时（图2-3），应降低挖铲斗卸落高度，不得偏装或砸坏车厢。

经验指导：回转时严禁铲斗从运输车驾驶室顶上越过。

图2-3 装土作业

（4）轮胎式挖掘机行驶前（图2-4），应收回支腿并固定好，监控仪表和报警信号灯应处于正常显示状态。

经验指导：轮胎气压应符合规定，工作装置应处于行驶方向的正前方，铲斗应离地面1m。长距离行驶时，应采用固定销将回转平台锁定，并将回转制动板踩下后锁定。

图2-4 轮胎式挖掘机行驶

二、挖掘装载机安全文明操作

挖掘装载机（图2-5）是由三台建筑设备组成的单一装置，俗称"两头忙"。施工时，操作手只需转动一下座椅，就可以转变工作端。一台挖掘装载机包含动力总成、装载端和挖掘端。每台设备都是针对特定类型的工作而设计的。在典型的建筑工地上，挖掘机操作员通常需要使用所有这三个组成部分才能完成工作。

挖掘端　　　动力总成　　　装载端

图2-5　挖掘装载机

1. 挖掘装载机安全文明施工作业要点

（1）挖掘装载机挖掘前要将装载斗的斗口和支腿在地面上固定（图2-6），使前后轮稍离地面，并保持机身的水平，以提高机械的稳定性。

> 经验指导：挖掘作业前应先将装载斗翻转，使斗口朝地，并使前轮稍离开地面，踏下并锁住制动踏板，然后伸出支腿，使后轮离地并保持水平位置。

图2-6　作业前支腿固定

（2）动臂下降中途如突然制动，其惯性造成的冲击力将损坏挖掘装置，并能破坏机械的稳定性而造成倾翻事故。作业时，操纵手柄应平稳，不得急剧移动；动臂下降时不得中途制动。挖掘时不得使用高速挡。回转应平稳，不得撞击并用于砸实沟槽的侧面。动臂后端的缓冲块应保持完好；如有损坏时，应修复后方可使用。移位时（图2-7），应将挖掘装置处于中间运输状态，收起支腿，提起提升臂后方可进行。

图2-7　挖掘装载机移位

（3）装载作业前，应将挖掘装置的回转机构置于中间位置，并用拉板固定。在装载过程中，应使用低速挡。铲斗提升臂在举升时，不应使用阀的浮动位置。液压操纵系统的分配阀有前四阀和后四阀之分，前四阀操纵支腿、提升臂和装载斗等，用于支腿伸缩和装载作业；后四阀操作铲斗、回转、动臂及斗柄等，用于回转和挖掘作业。机械的动力性能和液压系统的能力都不允许也不可能同时进行装载和挖掘作业。

2. 挖掘装载机安全文明操作经验指导

（1）在边坡、壕沟、凹坑卸料时，应有专人指挥，轮胎距沟、坑边缘的距离应大于1.5m。

（2）当停放时间超过1h时，应支起支腿，使后轮离地，停放时间超过1d时，应使后轮离地，并应在后悬架下面用垫块支撑。

三、拖式铲运机安全文明操作

拖式铲运机（图2-8）的铲土宽度是2700mm，载重8860kg，外形尺寸（长×宽×高）为9220mm×3132mm×2900mm。

图2-8 拖式铲运机

1. 拖式铲运机安全文明施工作业要点

（1）开动前，应使铲斗离开地面，机械周围应无障碍物，确认安全后方可开动。

（2）作业前，应检查钢丝绳、轮胎气压、铲土斗及卸土板回缩弹簧、拖把万向接头、撑架以及各部滑轮等，液压式铲运机铲斗与拖拉机连接叉座与牵引连接块应锁定，各液压管路连接应可靠，确认正常后方可启动。

（3）铲土时，铲土与机身应保持直线行驶（图2-9）。助铲时应有助铲装置，应正确掌握斗门开启的大小，不得切土过深。两机动作应协调配合，做到平稳接触、等速助铲。

经验指导：在下陡坡铲土时，铲斗装满后，在铲斗后轮未达到缓坡地段前，不得将铲斗提离地面，以防铲斗快速下滑冲击主机。

图2-9 铲土与机身直线行驶

（4）作业后，应将铲运机停放在平坦地面，并应将铲斗落在地面上。液压操纵的铲运机应将液压缸缩回，将操纵杆放在中间位置，进行清洁、润滑后，锁好门窗。

2. 拖式铲运机安全文明操作经验指导

（1）铲运机作业时，应先采用松土器翻松。铲运作业区内应无树根、树桩、大的石块和过多的杂草等。

（2）多台铲运机联合作业时，各机之间前后距离不得小于10m（铲土时不得小于5m），左右距离不得小于2m。行驶中，应遵守下坡让上坡、空载让重载、支线让干线的原则。

（3）在狭窄地段运行时，未经前机同意，后机不得超越。两机交会或超越平行时应减速，两机间距不得小于0.5m。

（4）铲运机上、下坡道时，应低速行驶，不得中途换挡，下坡时不得空挡滑行，行驶的横向坡度不得超过6°，坡宽应大于机身2m以上。

（5）在新填筑的土堤上作业时，离堤坡边缘不得小于1m。需要在斜坡横向作业时，应先将斜坡挖填，使机身保持平衡。

四、振动压路机安全文明操作

振动压路机（图2-10）是利用其自身的重力振动压实各种建筑和

筑路材料。在道路建设中,振动压路机最适宜压实各种非黏性土壤、碎石、碎石混合料以及各种沥青混凝土。

图2-10 振动压路机

1. 振动压路机安全文明施工作业要点

(1)作业时,压路机应先起步后才能起振,内燃机应先调至中速,再调至高速。

(2)变速与换向时应先停机,变速时应降低内燃机转速。

(3)严禁压路机在坚实的地面上进行振动。

(4)换向离合器、起振离合器和制动器的调整,应在主离合器脱开后进行。

(5)上、下坡时,不得使用快速挡。在急转弯时,包括铰接式振动压路机在小转弯绕圈碾压时,严禁使用快速挡。

(6)停机时应先停振,然后将换向机构置于中间位置,变速器置于空挡,最后拉起手制动操纵杆,内燃机怠速运转数分钟后熄火。

2. 振动式压路机安全文明操作经验指导

(1)碾压松软路基时,应先在不振动的情况下碾压1～2遍,再振动碾压。

(2)碾压时(图2-11),振动频率应保持一致。

图2-11 振动式压路机碾压施工

第二节 桩基施工常用机械安全文明操作

一、锤式打桩机安全文明操作

锤式打桩机（图2-12）主要由桩锤组成（一个钢质重块），由卷扬机用吊钩提升，脱钩后沿导向架自由下落而打桩。

桩锤

卷扬机

图2-12 锤式打桩机

1. 锤式打桩机安全文明施工作业要点

（1）作业前，打桩机应先空载运行各机构，以确认运转正常。

（2）打桩机不允许侧面吊桩和远距离拖桩。正前方吊桩时，对混凝土预制桩的水平距离不应大于4m；对钢桩不应大于7m，并应防止桩与立柱碰撞。

（3）打桩机吊锤桩时，锤桩的最高点离立柱顶部的最小距离应确保安全。

（4）施打斜桩时，应先将桩锤提升到预定位置，并将桩吊起，套入桩帽，桩尖插入桩位后再后仰立柱。履带三支点式桩架在后倾打斜桩时，应使用后支撑杆顶紧；轨道式桩架应在平台后增加支撑，并夹紧夹轨器。立柱后仰时打桩机不得回转及行走。

2. 锤式打桩机安全文明操作经验指导

（1）在斜坡上行走时，应将打桩机重心置于斜坡的上方，坡度要符合使用说明书的规定。自行式打桩机行走时，应注意地面的平整度与坚实度，并应有专人指挥，履带式打桩机驱动轮应置于尾部位置；走管式打桩机横移时，距滚管终端的距离不应小于1m。打桩机在斜坡上不得回转。

（2）作业后，应将桩锤放在已打入地下的桩头或地面垫板上，将操纵杆置于停机位置，起落架升至比桩锤高1m的位置，锁住安全限位装置，并应使全部制动生效。

二、螺旋钻孔机安全文明操作

螺旋钻孔机（图2-13）是一种螺旋叶片钻孔机，包括钻机框架，框架上设有滑道，设有可沿滑道上下滑动的减速箱，减速箱接动力输入轴和动力输出轴，动力输入轴的另一端接液压马达，动力输出轴的另一端接钻杆，钻杆的下端接钻头。

钻机框架

钻杆

钻头

图2-13　螺旋钻孔机

1. 螺旋钻孔机安全文明施工作业要点

（1）安装前，应检查并确认钻杆及各部件无变形；安装后，钻杆与动力头中心线的偏斜不应超过全长的1%。

（2）安装钻杆时，应从动力头开始，逐节往下安装。不得将所需钻杆长度在地面上全部接好后一次起吊安装。

（3）启动前应检查并确认钻机各部件连接牢固，传动带的松紧度适当，减速箱内油位符合规定，钻深限位报警装置有效。

（4）施钻时（图2-14），应先将钻杆缓慢放下，使钻头对准孔位，当电流表指针偏向无负荷状态时即可下钻。在钻孔过程中，当电流表超过额定电流时，应放慢下钻速度。

（5）作业中，当发现阻力过大、钻进困难、钻头发出异响或机架出现摇晃、移动、偏斜时，应立即停钻，经处理后方可继续施钻。

经验指导：①钻机发出下钻限位报警信号时，应停钻，并将钻杆稍稍提升，待解除报警信号后方可继续下钻。

②卡钻时，应立即切断电源，停止下钻。查明原因前不得强行启动。

图2-14 施钻作业

2. 螺旋钻孔机安全文明操作经验指导

（1）钻孔时，严禁用手清除螺旋片中的泥土。成孔后，应将孔口加盖防护。

（2）钻孔过程中，应经常检查钻头的磨损情况，当钻头磨损量达20mm时，应予更换。

（3）作业中停电时，应将各控制器放置零位，切断电源，并及时将钻杆全部从孔内拔出，使钻头接触地面。

（4）作业后，应将钻杆及钻头全部提升至孔外，先清除钻杆和螺旋叶片上的泥土（图2-15），再将钻头按下并接触地面，钻孔机的各部制动住，钻孔机的操纵杆放到空挡位置，切断电源。

图2-15 清理合格后的钻杆

三、静压力桩机安全文明操作

静压力桩是利用压桩机桩架自重和配重的静压力将预制桩压入泥土的沉桩方法。静压力桩施工（图2-16）时无噪声、无振动、无冲击力、施工应力小，可以减小打桩振动对地基和邻近建筑物的影响，桩顶不易损害，不易产生偏心，节约制桩材料和降低工程成本，且能在沉桩施工中测定沉桩阻力，为设计、施工提供参数，预估和验

压装机

预制桩

经验指导：适用于软土、淤泥质土、沉设桩截面一般小于40cm×40cm，桩长30～50m的钢筋混凝土桩或空心管桩。

图2-16 静压力桩施工

证桩的承载力。

1. 静压力桩机安全文明施工作业要点

（1）压桩机升降过程中，四个顶升缸应两个一组交替动作，每次行程不得超过100mm。当单个顶升缸动作时，行程不得超过50mm。压桩机在顶升过程中，船形轨道不应压在已入土的单一桩顶上。

（2）压桩作业时，应有统一指挥，压桩人员和吊桩人员应密切联系，相互配合。

（3）起重机吊桩进入夹持机构进行接桩或插桩作业时，应确认在压桩开始前吊钩已安全脱离桩体。

（4）桩机发生浮机时，严禁起重机吊物，若起重机已起吊物体，应立即将起吊物卸下，暂停压桩，待查明原因，采取相应措施后，方可继续施工。

（5）压桩（图2-17）过程中，应保持桩的垂直度，如遇地下障碍物使桩产生倾斜时，不得采用压桩机行走的方法强行纠正，应先将桩

图2-17 压桩操作

拔起，待地下障碍物清除后重新插桩。

2.静压力桩机安全文明操作经验指导

（1）接桩时，上一节应提升350～400mm，此时，不得松开夹持板。

（2）当桩的贯入阻力太大，使桩不能压至标高时，不得任意增加配重，应保护液压元件和构件不受损坏。

（3）当桩顶不能最后压到设计标高时，应将桩顶部分凿去（图2-18），不得用桩机行走的方式将桩强行推断。

图2-18 凿桩头操作

四、地下连续墙施工成槽机安全文明操作

成槽机（图2-19）又称开槽机，是施工地下连续墙时由地表向下开挖成槽的机械装备。作业时，根据地层条件和工程设计在土层或岩体开挖成一定宽度和深度的槽形空，放置钢筋笼和灌注混凝土而形成地下连续墙体。

经验指导：成槽机有多头螺旋钻、冲抓斗、冲击钻、多头钻以及轮铣式、盘铣式、钳槽式和刨切式等。成墙厚度可为400～1500mm，一次施工成墙长度可为2500～2700mm。

图2-19　成槽机

1. 成槽机安全文明施工操作要点

（1）安装时，成槽抓斗放置在平行把杆方向的地面上，抓斗位置应在把杆75°～78°时顶部的垂直线上，起升把杆时，起升钢丝绳也随着逐渐慢速提升成槽抓斗，同时，电缆与油管也同步卷起，为了防止油管与电缆损坏，接油管时应保持油管的清洁。

（2）工作时，应在平坦坚实的场地。在松软地面作业时，应在履带下铺设30mm厚钢板，间距不大于30cm，起重臂最大仰角不得超过78°，同时应勤检查钢丝绳、滑轮不得有磨损严重及脱槽，传动部件、限位保险装置、油温等不得有不正常现象。

2. 成槽机安全文明操作经验指导

（1）成槽过程中利用成槽机的显示仪进行垂直度跟踪观测，做到随挖随纠偏，达到1/400的垂直度要求。

（2）挖槽（图2-20）过程中，抓斗出入槽应慢速、稳当，根据成槽机仪表及实测的垂直度及时纠偏。在抓土时槽段两侧采用双向闸板插入导墙，使导墙内泥浆不受污染。

经验指导：槽段划分应综合考虑工程地质和水文地质情况、槽壁的稳定性、钢筋笼重量、设备起吊能力、混凝土供应能力等条件。槽段分段接缝位置应尽量避开转角部位，并与诱导缝位置相重合。

图2-20　成槽机挖槽

（3）成槽机械在地下墙拐角处挖槽时，即使紧贴导墙作业，也会因为抓斗斗壳和斗齿不在成槽断面之内的缘故，而使拐角内留有该挖而未能挖出的土体。为此，在导墙拐角处根据所用的挖槽机械端面形状相应延伸出去30cm，以免成槽断面不足，妨碍钢筋笼下槽。

第三节　焊接施工常用机械安全文明操作

一、对焊机安全文明操作

对焊机（图2-21）也称为电流焊机或电阻碰焊机。利用两工件接触面之间的电阻，瞬间通过低电压大电流，使两个互相对接的金属的接触面瞬间发热至融化并融合，以达到把两块金属焊接到一起的目的。

焊接范围：①焊接适用范围广，原则上能锻造的金属材料都可以用闪光对焊焊接，例如低碳钢、高碳钢、合金钢、不锈钢等有色金属及合金都可以用闪光对焊焊接。②焊接截面积范围大，一般从几十至几万平方毫米截面积都能焊接。

UN-100型

图2-21　对焊机

1. 对焊机安全文明施工操作要点

（1）严禁对焊超过规定直径的钢筋，主筋对焊必须先焊后冷拉。为确保焊接质量，在端头约150mm范围内要进行清污、除锈及矫正等工作。

（2）对焊机应停放在清洁干燥和通风的地方，现场使用的对焊机应设有防雨、防潮、防晒的机棚，并备有消防器具，施焊范围内不可堆放易燃物。

（3）对焊机应设有专用接线开关，并装在开关箱内，熔丝的容量应为该机容量的1.5倍。焊机外壳接地必须良好。

（4）对焊后外观检查（图2-22），钢筋接头应适当镦粗，表面没有裂纹和明显烧伤。接头轴线曲轴不大于6°，偏移不大于钢筋直径的1/10，并不得大于2mm。

2. 对焊机安全文明操作经验指导

（1）调整两钳口间的距离。旋动调节螺钉使操纵杆位于左极限时钳口间距应为两焊件总伸出长度和挤压量之差。当操纵杆处于右极限时，钳口间距离应为两焊件总伸出长度再加上2～3mm，此焊接前原始位置。

图2-22　钢筋对焊后质量不合格

（2）为防止焊件的瞬时过热，试焊时要逐次增加调节级数，选用适当次级电压。在闪光对焊时，宜用较高的次级电压。

（3）为避免部件在焊接时发生过热现象，必须打开冷却水阀通水后方可施焊。为了便于检查，可以在焊机左侧前方设个漏斗，直接观察水流情况，以便检查焊机内部有无冷却水流过。

二、点焊机安全文明操作

点焊机（图2-23）采用双面双点过流焊接的原理，工作时两个电极加压工件使两层金属在两电极的压力下形成一定的接触电阻，而焊接电流从一电极流经另一电极时在两接触电阻点形成瞬间的热熔接，且焊接电流瞬间从另一电极沿两工件流至此电极形成回路，不伤及被焊工件的内部结构。

1. 点焊机安全文明施工操作要点

（1）焊接时应先调节电极杆的位置，使电极刚好压到焊件时，电极臂保持互相平行。

（2）电流调节开关级数的选择可按焊件厚度与材质而选定。通电后电源指示灯应亮，电极压力大小可通过调整弹簧压力螺母，改变其压缩程度而获得。

点焊机常用分类：按照用途分，有万能式（通用式）、专用式；按照同时焊接的焊点数分，有单点式、双点式、多点式；按照导电方式分，有单侧的、双侧的；按照加压机构的传动方式分，有脚踏式、电动机-凸轮式、气压式、液压式、复合式（气液压合式）；按照运转的特性分，有非自动化、自动化；按照安装的方法分，有固定式，移动式或轻便式（悬挂式）。

图2-23　手持式点焊机

（3）在完成上述步骤（1）和步骤（2）调整后，可先接通冷却水后再接通电源准备焊接（图2-24）。

焊接程序：焊件置于两电极之间，踩下脚踏板，并使上电极与焊件接触并加压，在继续压下脚踏板时，电源触头开关接通，于是变压器开始工作，次级回路通电使焊件加热。当焊接一定时间后松开脚踏板时电极上升，借弹簧的拉力先切断电源而后恢复原状，单点焊接过程即告结束。

图2-24　钢筋电焊操作

2. 点焊机安全文明操作经验指导

（1）焊接前：必须清除上、下两电极的油渍及污物。通电检查电气设备、操作机构、冷却系统、气路系统及机体外壳有无漏电；室内温度不应低于15℃。

（2）焊接中：上电极的工作行程调节螺母（气缸体下面）必须拧紧。电极压力可根据焊接规范的要求，通过旋转减压阀手柄来调节；严禁在引燃电路中加大熔断器，以防引燃管和硅整流器损坏。当负载过小，引燃管内电弧不能发生时，严禁闭合控制箱的引燃电路。

（3）焊接后：焊机停止工作，应先切断电源、气源，最后关闭水源，清除杂物和焊渣溅沫；焊机长期停用，应在未涂漆的活动部位涂上防锈油脂。每月通电加热30min，更换闸流管亦应预热30min，正常工作控制箱的预热不少于5min。

三、电渣压力焊机安全文明操作

电渣压力焊机（图2-25）由焊接电源、焊接夹具和控制箱三部分组成。

焊接夹具

焊接电源

图2-25　焊接电源与夹具

1. 电渣压力焊机安全文明施工操作要点

（1）应根据施焊钢筋直径选择具有足够输出电流的电焊机。电源电缆和控制电缆连接应正确、牢固。控制箱的外壳应牢靠接地。

（2）施焊前，应检查供电电压并确认正常，当一次电压降大于8%时，不宜焊接。焊接导线长度不得大于30m，截面面积不得小于50mm^2。

（3）施焊前应检查并确认电源及控制电路正常，定时准确，误差不大于5%，机具的传动系统、夹装系统及焊钳的转动部分应灵活自如，焊剂应干燥，所需附件应齐全。

（4）施焊前，应按所焊钢筋的直径，根据参数表标定好所需的电源和时间。一般情况下，时间（s）可为钢筋的直径数（mm），电流（A）可为钢筋直径（mm）的20倍数。

2. 电渣压力焊安全文明操作经验指导

（1）施焊过程中，应随时检查焊接质量。当发现倾斜、偏心（图2-26）、未熔合、有气孔等现象时，应重新施焊。

此处偏心，应重新进行施焊。

图2-26　电渣压力焊的钢筋偏心

（2）每个接头焊完后，应停留5～6min保温；寒冷季节应适当延长。当拆下机具时（图2-27），应扶住钢筋，过热的接头不得过于受力。焊渣应待完全冷却后清除。

图2-27　拆除夹具

四、气焊机安全文明操作

气焊机（图2-28）是在阴极和喷嘴的内壁之间产生电弧，输入气体后，气体被阴极和喷嘴之间的电弧加热并造成全部或部分电离，然后由喷嘴喷出形成等离子火焰，外部火焰温度高达1500～2800℃，可直接代替钎焊焊接或高频焊进行热处理。

图2-28　施工现场气焊操作

1. 气焊机安全文明施工操作要点

（1）乙炔软管、氧气软管不得错装。乙炔气胶管、防止回火装置及气瓶冻结时，应用40℃以下热水或明火加热解冻，严禁用火烤。

（2）安装减压器时（图2-29），应先检查氧气瓶阀门接头，不得有油脂，并打开氧气瓶阀门吹除污垢，然后安装减压器，操作者不得正对氧气瓶阀门出气口，关闭氧气瓶阀门时，应先松开减压器的活门螺丝。

经验指导：氧气瓶、氧气表及焊割工具上严禁沾染油脂。开启氧气瓶阀门时，应采用专用工具，动作应缓慢，不得面对减压器，压力表指针应灵敏正常。氧气瓶中的氧气不得全部用尽，应留49kPa以上的剩余压力。

图2-29　减压器安装

2. 气焊机安全文明操作经验指导

（1）点燃焊（割）炬时，应先开乙炔阀点火，再开氧气阀调整火。关闭时，应先关闭乙炔阀，再关闭氧气阀。氢氧并用时，应先开乙炔气，再开氢气，最后开氧气点燃。熄灭火时，应先关氧气，再关氢气，最后关乙炔气。

（2）操作时，氢气瓶、乙炔瓶应直立放置且必须安放稳固，防止倾倒，不得卧放使用，气瓶存放点温度不得超过40℃。

（3）使用中，当氧气软管着火时，不得折弯软管断气，应迅速关闭氧气阀门，停止供氧。当乙炔软管着火时，应先关熄炬火，可采用弯折前面一段软管将火熄灭。

第四节 钢筋加工施工常用机械安全文明操作

一、钢筋调直机安全文明操作

钢筋调直机（图2-30）首先由电动机通过皮带传动增速，使调直筒高速旋转，穿过调直筒的钢筋被调直，并由调直模清除钢筋表面的锈皮；由电动机通过另一对减速皮带传动和齿轮减速箱，一方面驱动两个传送压辊，牵引钢筋向前运动，另一方面带动曲柄轮，使锤头上下运动。当钢筋调直到预定长度，锤头锤击上刀架，将钢筋切断，切断的钢筋落入受料架时，由于弹簧作用，刀台又回到原位，完成一个循环。

图2-30 钢筋调直机

1. 钢筋调直机安全文明施工操作要点

（1）料架、料槽应安装平直，并应对准导向筒、调直筒和下切刀孔的中心线。

（2）应按调直钢筋的直径，选用适当的调直块（图2-31）、曳轮槽。在调直块未固定、防护罩未盖好前不得送料。作业中严禁打开各部防护罩并调整间隙。

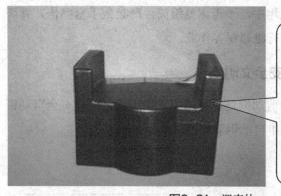

经验指导：调直块的孔径应比钢筋直径大2～5mm，曳轮槽宽应和所需调直钢筋的直径相符合，传动速度应根据钢筋直径选用，直径大的宜选用慢速，经调试合格后方可送料。

图2-31　调直块

（3）送料前，应将不直的钢筋端头切除。导向筒前应安装一根长的钢管，钢筋应先穿过钢管再送入调直前端的导孔内。

（4）切断3～4根钢筋后，应停机检查其长度，当超过允许偏差时，应调整限位开关或定尺板。

2. 钢筋调直机安全文明操作经验指导

（1）调直钢筋（图2-32）过程中，当发生钢筋跳出托盘导料槽，顶不到定长机构以及乱丝或钢筋脱架时，应及时按动限位开关，停止切断钢筋，待调整好后方准使用。

（2）调直模未固定、防护罩未盖好前，不准穿入钢筋，以防止开动机器后，调直模飞出伤人。

经验指导：每盘钢筋调直到末尾或调直短钢筋时，应手持套管护送钢筋到导向器和调直筒，以免当其自由甩动时发生伤人事故。

图2-32　调直钢筋操作

（3）机械在运转过程中，不得调整滚筒，严禁戴手套操作，并严禁在机械运转过程中进行维修保养作业。

二、钢筋切断机安全文明操作

钢筋切断机是一种剪切钢筋所使用的一种工具。一般有全自动钢筋切断机（图2-33）和半自动钢筋切断机（图2-34）之分。

> 全自动钢筋切断机也叫电动切断机，是电能通过马达转化为动能控制切刀切口，来达到剪切钢筋效果的。

图2-33　全自动钢筋切断机

> 半自动钢筋切断机是人工控制切口，从而进行剪切钢筋操作。而比较多的应该属于液压钢筋切断机，液压钢筋切断机又分为充电式和便携式两大类。

图2-34　半自动钢筋切断机

1. 钢筋切断机安全文明施工操作要点

（1）接送料的工作台面应和切刀下部保持水平，工作台的长度可根据加工材料长度确定。

（2）机械未达到正常转速时，不得切料。切料时，应使用切刀的中、下部位，紧握钢筋对准刃口迅速投入，操作者应站在固定刀片一侧用力压住钢筋，应防止钢筋末端弹出伤人。严禁用两手分在刀片两边握住钢筋俯身送料。

（3）不得剪切直径及强度超过机械铭牌规定的钢筋和烧红的钢筋。一次切断多根钢筋时，其总截面积应在规定范围内。

（4）切断短料时，手和切刀之间的距离应保持在150mm以上，如手握端小于400mm时，应采用套管或夹具将钢筋短头压住或夹牢。

2. 钢筋切断机安全文明操作经验指导

（1）启动前，应检查并确认切刀无裂纹、刀架螺栓紧固、防护罩牢靠，然后用手转动皮带轮，检查齿轮啮合间隙，调整切刀间隙。

（2）液压传动式切断机作业前，应检查并确认液压油位及电动机旋转方向符合要求。启动后，应空载运转，松开放油阀，排净液压缸体内的空气，方可进行切筋。

（3）手动液压式切断机（图2-35）使用前，应将放油阀按顺时针方向旋紧，切割完毕后，应立即按逆时针方向旋松。作业中，手应持稳切断机，并戴好绝缘手套。

图2-35　手动液压式切断机

三、钢筋弯曲机安全文明操作

钢筋弯曲机（图2-36）是钢筋加工机械之一。工作机构是一个在垂直轴上旋转的水平工作圆盘，把钢筋置于图中虚线位置，支承销轴固定在机床上，中心销轴和压弯销轴装在工作圆盘上，圆盘回转时便将钢筋弯曲。为了弯曲各种直径的钢筋，在工作盘上有几个孔，用以插压弯销轴，也可相应地更换不同直径的中心销轴。

工作平台

支撑销轴

压弯销轴

中心销轴

工作圆盘

图2-36　钢筋弯曲机

1. 钢筋弯曲机安全文明施工操作要点

（1）钢筋手工弯曲成形安全文明操作

用横口扳子弯曲粗钢筋（图2-37）时，要注意掌握操作要领，脚跟要站稳，两脚站成弓步，搭好板子，注意板锯，板口卡牢钢筋，弯曲时用力要慢，不要用力过猛，防止板子扳脱后人被甩倒。

（2）机械弯曲成形安全文明

机械弯曲操作时（图2-38），注意力要集中，要熟悉工作盘旋的方向，钢筋放置要和挡架、工作盘旋转方向相配合，不能放反。

2. 钢筋弯曲机安全文明操作经验指导

（1）手工弯曲直径为12mm以下细钢筋时可用手摇扳子，弯曲粗钢筋可用铁板扳柱和横门扳手。

图2-37 手工弯曲钢筋

操作时，钢筋必须放在插头的中、下部，严禁弯曲超截面尺寸的钢筋，回转方向必须准确，手与插头的距离不得小于200mm。

图2-38 机械弯曲钢筋操作

（2）弯曲粗钢筋及形状比较复杂的钢筋（如弯起钢筋、牛腿钢筋）时，必须在钢筋弯曲前，根据钢筋料牌上标明的尺寸，用石笔将各弯曲点位置画出。

（3）弯曲细钢筋（如架立钢筋、分布钢筋、箍筋）时，可以不画线，而在工作台上按各段尺寸要求，钉上若干标志，按标志进行操作。

四、钢筋冷拉机安全文明操作

钢筋冷拉机（图2-39）是钢筋强化的主要方法，在常温下用冷拉机对各级热轧钢进行强力拉伸，使其拉应力超过钢筋的屈服点而又不大于抗拉强度，使钢筋产生塑性变形，然后放松钢筋。

图2-39 钢筋冷拉机

1. 钢筋冷拉机安全文明施工操作要点

（1）应根据冷拉钢筋（图2-40）的直径，合理选用卷扬机。卷扬钢丝绳应经封闭式导向滑轮，并和被拉钢筋成直角。卷扬机的位置应使操作人员能见到全部冷拉场地，卷扬机与冷拉中线距离不得小于5m。

> 冷拉HPB300级钢筋适用于钢筋混凝土结构的受拉钢筋，冷拉HRB335、HRB400、RRB400级钢筋可用做预应力混凝土结构的预应力钢筋。

图2-40 钢筋现场冷拉

（2）冷拉场地应在两端地锚外侧设置警戒区，并应安装防护栏及警告标志。无关人员不得在此停留。操作人员在作业时必须离开钢筋2m以外。

2. 钢筋冷拉机安全文明操作经验指导

（1）钢筋冷拉速度不宜过快（一般细钢筋为6～8m/min，粗钢筋为 0.7 ～ 1.5m/min），待拉到规定控制力或冷拉率后，需停止操作，并静止 2 ～ 3min，然后量其长度，再进行冷拉。

（2）预应力钢筋应先对焊后冷拉，以免因焊接而降低冷拉后的强度。如焊接接头被拉断，可重新焊接后再冷拉，但一般不超过两次。

（3）钢筋在负温下进行冷拉时，其环境温度不得低于 - 20℃。当采用冷拉率控制法进行钢筋冷拉时，冷拉率的确定与常温条件相同。当采用应力控制法进行钢筋冷拉时，冷拉应力应较常温提高 30N/mm^2。

第五节　起重机及垂直运输机械安全文明操作

一、塔式起重机安全文明操作

塔式起重机（图2-41）简称塔机，亦称塔吊，是动臂装在高耸塔身上部的旋转起重机。其作业空间大，主要用于房屋建筑施工中物料的垂直和水平输送及建筑构件的安装。

组成结构：由金属结构、工作机构和电气系统三部分组成。金属结构包括塔身、动臂和底座等。工作机构有起升、变幅、回转和行走四部分。电气系统包括电动机、控制器、配电柜、连接线路、信号及照明装置等。

图2-41　塔式起重机

1. 塔式起重机安全文明施工操作要点

（1）机上各种安全保护装置运转中发生故障、失效或不准确时，必须立即停机修复，严禁带病作业和在运转中进行维修保养。

（2）司机必须在佩有指挥信号袖标的人员指挥下严格按照指挥信号、旗语、手势进行操作。操作前应发出音响信号，对指挥信号辨不清时不得盲目操作。对指挥错误有权拒绝执行或主动采取防范或相应紧急措施。

（3）起重量、起升高度、变幅等安全装置显示或接近临界警报值时，司机必须严密注视，严禁强行操作。

（4）当吊钩滑轮组起升到接近起重臂时应用低速起升。

（5）严禁重物自由下落，当起重物下降接近就位点时，必须采取慢速就位。重物就位时，可用制动器使之缓慢下降。

（6）使用非直撞式高度限位器时，高度限位器调整为：吊钩滑轮组与对应的最低零件的距离不得小于1m，直撞式不得小于1.5m。

2. 塔式起重机安全文明操作经验指导

（1）操纵控制器时，必须从零点开始，推到第一挡，然后逐级加挡，每挡停 $1 \sim 2s$，直至最高挡。当需要传动装置在运动中改变方向时，应先将控制器拉到零位，待传动停止后再逆向操作，严禁直接变换运转方向。对慢就位挡有操作时间限制的塔式起重机，必须按规定时间使用，不得无限制使用慢就位挡。

（2）起吊重物时（图2-42），不得提升悬挂不稳的重物，严禁在提升的物体上附加重物。

（3）两台塔式起重机同在一条轨道上或两条相平行的或相互垂直的轨道上进行作业时，应保持两机之间任何部位的安全距离，最小不得低于5m。

起吊零散物料或异形构件时必须用钢丝绳捆绑牢固，应先将重物吊离地面约50cm停住，确定制动、物料绑扎和吊索具，确认无误后方可指挥起升。

图2-42 塔式起重机吊运重物

二、履带式起重机安全文明操作

履带式起重机（图2-43）是一种高层建筑施工用的自行式起重机，是一种利用履带行走的动臂旋转起重机。履带接地面积大，通过性好，适应性强，可带载行走，适用于建筑工地的吊装作业。

动臂

转台

底盘

图2-43 履带式起重机

1. 履带式起重机安全文明施工操作要点

（1）起重机应在平坦坚实的地面上作业、行走和停放。在作业时，工作坡度不得大于5°，并应与沟渠、基坑保持安全距离。

（2）作业时，起重臂的最大仰角不得超过出厂规定。当无资料可查时，不得超过78°。

（3）在起吊载荷达到额定起重量的90%及以上时，升降动作应慢速进行，严禁同时进行两种及以上动作，严禁下降起重臂。

（4）起吊重物时应先稍微吊离地面进行试吊，当确认重物已挂牢，起重机的稳定性和制动器的可靠性均良好，再继续起吊。在重物升起过程中，操作人员应把脚放在制动踏板上，密切注意起升重物，防止吊钩冒顶。当起重机停止运转而重物仍悬在空中时，即使制动踏板被固定，脚仍应踩在制动踏板上。

（5）采用双机抬吊作业时，应选用起重性能相似的起重机进行。抬吊时应统一指挥，动作应配合协调，载荷应分配合理，起吊重量不得超过两台起重机在该工况下允许起重量总和的75%，单机的起吊载荷不得超过允许载荷的80%。在吊装过程中，两台起重机的吊钩滑轮组应保持垂直状态。

2. 履带式起重机安全文明操作经验指导

（1）当起重机如需带载行走时，起重量不得超过相应工况额定起重量的70%，行走道路应坚实平整，起重臂位于行驶方向正前方向，载荷离地面高度不得大于200mm，并应拴好拉绳，缓慢行驶。不宜长距离负载行驶。

（2）起重机行走时，转弯不应过急。当转弯半径过小时，应分次转弯。

（3）起重机上下坡道应无载行走，上坡时应将起重臂仰角适当放小，下坡时应将起重臂仰角适当放大。严禁下坡空挡滑行。严禁在坡道上负载回转。

（4）起重机工作时，在起升、回转、变幅三种动作中，只允许同时进行其中两种动作的复合操作。

三、卷扬机安全文明操作

卷扬机（图2-44）是用卷筒缠绕钢丝绳或链条提升或牵引重物的轻小型起重设备，又称绞车。

卷扬机可以垂直提升、水平或倾斜拽引重物。卷扬机分为手动卷扬机和电动卷扬机两种。现在以电动卷扬机为主。

图2-44　卷扬机

1. 卷扬机安全文明施工操作要点

（1）安装时，基面应平稳牢固、周围排水畅通、地锚设置可靠，并应搭设工作棚（图2-45）。

作业前，应检查卷扬机与地面的固定，弹性联轴器不得松旷，并应检查安全装置、防护设施、电气线路、接零或接地线、制动装置和钢丝绳等，全部合格后方可使用。

图2-45　卷扬机工作棚

（2）作业中，操作人员不得离开卷扬机，物件或吊笼下面严禁人员停留或通过。休息时应将物件或吊笼降至地面。

（3）作业中如发现异响、制动失灵、制动带或轴承等温度剧烈上升等异常情况时，应立即停机检查，排除故障后方可使用。

（4）作业中停电时，应将控制手柄或按钮置于零位，并切断电源，将提升物件或吊笼降至地面。

2. 卷扬机安全文明操作经验指导

（1）卷扬机设置位置必须满足：卷筒中心线与导向滑轮的轴线位置应垂直，且导向滑轮的轴线应在卷筒中间位置；卷筒轴心线与导向滑轮轴心线的距离，对光卷筒不应小于卷筒长度的20倍，对有槽卷筒不应小于卷筒长度的15倍。

（2）卷扬机应装设能在紧急情况下迅速切断总控制电源的紧急断电开关，并安装在司机操作方便的地方。

（3）卷筒上的钢丝绳应排列整齐（图2-46），当重叠或斜绕时，应停机重新排列，严禁在转动中用手拉脚踩钢丝绳。

钢丝绳卷绕在卷筒上的安全圈数应不少于3圈。钢丝绳末端固定应可靠，在保留两圈的状态下，应能承受1.25倍的钢丝绳额定拉力。

图2-46　钢丝绳排列整齐

四、升降机安全文明操作

升降机（图2-47）是由行走机构、液压机构、电动控制机构、支撑机构组成的一种升降机设备。

> 升降机分类：按照升降机结构的不同分为剪叉式升降机（固定剪叉式升降机、移动式升降机）、套缸式升降机、铝合金（立柱）式升降机、曲臂式升降机（折臂式的更新换代）、导轨链条式升降机（电梯、货梯）、钢索式液压提升装置。

图2-47 导轨链条升降机

1. 升降机安全文明施工操作要点

（1）施工升降机额定载重量、额定乘员数标牌应置于吊笼醒目位置。严禁在超过额定载重量或额定乘员数的情况下使用施工升降机。

（2）当电源电压值与施工升降机额定电压值的偏差超过±5%。或供电总功率小于施工升降机的规定值时，不得使用施工升降机。

（3）应在施工升降机作业范围内设置明显的安全警示标志，应在集中作业区做好安全防护（图2-48）。

图2-48 升降机集中防护

（4）当建筑物超过2层时，施工升降机地面通道上方应搭设防护棚。当建筑物高度超过24m时，应设置双层防护棚（图2-49）。

图2-49 设置双层防护棚

（5）当遇见大雨、大雪、大雾、施工升降机顶部风速大于20m/s或导轨架、电缆表面结有冰层时，不得使用施工升降机。

（6）在施工升降机基础周边水平距离5m以内，不得开挖井沟，不得堆放易燃易爆物品及其他杂物。

（7）施工升降机运行通道内不得有障碍物。不得利用施工升降机的导轨架、横竖支撑、层站等牵拉或悬挂脚手架、施工管道、绳缆标语、旗帜等。

（8）施工升降机安装在建筑物内部井道中时，应在运行通道四周搭设封闭屏障。

（9）实行多班作业的施工升降机，应执行交接班制度，交班司机应填写交接班记录表。接班司机应进行班前检查，确认无误后方能开机作业。

2. 升降机安全文明操作经验指导

（1）施工升降机每天第一次使用前，司机应将吊笼升离地面1～2m，停车检查制动器的可靠性。当发现问题，应经修复合格后方能运。

（2）操作手动开关的施工升降机时，不得利用机电联锁开动或停止施工升降机。

（3）施工升降机专用开关箱（图2-50）应设置在导轨架附近便于操作的位置，配电容量应满足施工升降机直接启动的要求。

（4）散状物料运载时应装入容器、进行捆绑或使用织物袋包装，堆放时应使载荷分布均匀。

（5）当使用搬运机械向施工升降机吊笼内搬运物料时，搬运机械不得碰撞施工升降机。卸料时，物料放置速度应缓慢。

（6）吊笼上的各类安全装置应保持完好有效。经过大雨、大雪、台风等恶劣天气后应对各安全装置进行全面检查，确认安全有效后方能使用。

开关箱设置在便于操作的位置。

图2-50   升降机开关设置

（7）当在施工升降机运行中由于断电或其他原因中途停止时，可进行手动下降。吊笼手动下降速度不得超过额定运行速度。

（8）作业结束后应将施工升降机返回最底层停放，将各控制开关拨到零位，切断电源，锁好开关箱、吊笼门和地面防护围栏门。

第三章

基础工程安全文明施工

第一节 土方挖掘及基坑支护安全文明操作

一、土方挖掘安全文明操作

1. 土方挖掘的方法

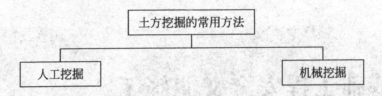

（1）人工挖掘安全文明操作

人工挖掘（图3-1）是使用锹镐、风镐、风钻等简单工具，配合挑抬或者简易小型的运输工具进行作业，适用于小型建筑工程。

开挖时应注意：距离槽边600mm挖200mm×300mm明沟，并应有0.2%坡度，以便排除地面雨水。

图3-1 人工挖掘现场施工

人工挖掘安全文明操作要点如下。

① 开挖浅的条基，如不放坡时，应先沿灰线直边切除槽轮廓线，然后自上至下分层开挖。每层以深500mm为宜，每层应清理出土，逐步挖掘。

② 在挖方上侧弃土时，应保证边坡和直立壁的稳定，抛于槽边的土应距槽边1m以外。

③ 在接近地下水位时，应先完成标高最低处的挖方，以便在该槽处集中排水。

④ 挖到一定深度时，测量人员应及时测出距槽底500mm的水平线，从每条槽端部开始，每隔2～3m在槽边上钉小木楔。

⑤ 挖至槽底标高后，由两端轴线引桩拉通线，检查基槽尺寸，然后修槽清底。

⑥ 开挖放坡基槽时，应在槽帮中间留出800mm左右的倒土台。

（2）机械挖掘安全文明操作

大中型建筑工程的土石方开挖多用机械挖掘（图3-2）施工。机械开挖常用的机械有单斗挖掘机或多斗挖掘机；铲运机械，如推土机、铲运机和装载机。

开挖时应注意基底保护，基坑（槽）开挖后应尽量减少对基土的扰动。如果基础不能及时施工，可在基底标高以上预留300mm土层不挖，待做基础时再挖。

图3-2 机械挖掘现场施工

机械挖掘安全文明操作要点如下。

① 当基坑（槽）或管沟受周边环境条件和土质情况限制无法进行放坡开挖时，应采取有效的边坡支护方案，开挖时应综合考虑支护结构是否形成，做到先支护后开挖。一般支护结构强度达到设计强度

的70%以上时才可继续开挖。

②采用挖土机开挖大型基坑（槽）时，应从上而下分层分段，按照坡度线向下开挖，严禁在高度超过3m或在不稳定土体之下作业，但每层的中心地段应比两边稍高一些，以防积水。

③暂留土层。一般铲运机、推土机挖土时，暂留土层厚度应大于200mm；挖土机用反铲、正铲和拉铲挖土时，暂留土层厚度应大于300mm为宜。

④防止基底超挖。开挖基坑（槽）、管沟不得超过基底标高，一般可在设计标高以上暂留300mm的土层不挖，以便经抄平后由人工清底挖出。如个别地方超挖时，其处理方法应取得设计单位同意。

⑤防止施工机械下沉。施工时必须了解土质和地下水位情况。推土机、铲土机一般需要在地下水位0.5m以上推铲土；挖土机一般需在地下水位0.8m以上挖土，以防机械自身下沉。正铲挖土机挖方的台阶高度不得超过最大挖掘高度的1.2倍。

2. 土方挖掘安全文明操作常用数据

土方挖掘施工时应该格外注意土的类别所对应的边坡值，其临时性挖方边坡值见表3-1。

表3-1　临时性挖方边坡值

土的类别		边坡值
砂土（不包括细砂、粉砂）		（1：1.25）～（1：1.50）
一般性黏土	硬	（1：0.75）～（1：1.00）
	硬、塑	（1：1.00）～（1：1.25）
	软	1：1.50或更缓
碎土	充填坚硬、硬塑黏性土	（1：0.50）～（1：1.00）
	充填砂石	（1：1.00）～（1：1.50）

3. 土方挖掘安全文明操作施工总结

（1）土方挖掘方法、挖掘顺序应根据支护方案和降排水要求进行，当采用局部或全部放坡开挖时，放坡坡度应满足其稳定性要求。

（2）当基坑开挖深度大于相邻建筑的基础深度时，应保持一定距离或采取边坡支撑加固措施，并进行沉降和移位观测。

（3）施工中如发现不能辨认的物品时，应停止施工，保护现场，并立即报告所在地有关部门处理，严禁随意敲击或玩弄。

（4）挖土机作业的边坡应验算其稳定性，当不能满足时，应采取加固措施。在停机作业面以下挖土应选用反铲或拉铲作业，当使用正铲作业时，挖掘深度应严格按其说明书规定进行。有支撑的基坑使用机械挖掘时，应防止作业中碰撞支撑。

二、基坑支护安全文明操作

1. 基坑支护的方法

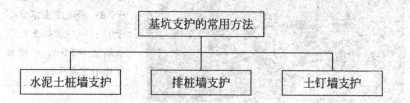

（1）水泥土桩墙支护安全文明操作

① 水泥土桩墙支护（图3-3）工艺适用于加固淤泥、淤泥质土和含水量高的黏土、粉质黏土、粉土等土层。

② 水泥土桩墙支护安全文明操作要点如下。

a. 水泥土桩与桩之间的搭接（图3-4）宽度应根据挡土及载土要求确定，考虑截水作用时，桩的有效搭接宽度不宜小于200mm。

b. 当变形不能满足要求时，宜采用基坑内侧土体加固或水泥土墙插筋加混凝土面板及加大锚固深度等措施。

水泥土桩墙可直接作为基坑开挖重力式围护结构,用于较软土的基坑支护时深度不宜大于6m;对于非软土的基坑支护,支护深度不宜大于10m;止水帷幕则受到垂直度要求的控制。水泥土桩施工范围内地基承载力不宜大于150kPa。

水泥土桩墙现场施工

图3-3　水泥土桩墙支护施工

水泥土桩墙采用格栅布置时,水泥土和置换率要求:对于淤泥不宜小于0.8;淤泥质土不宜小于0.7;一般黏性土及砂土不宜小于0.6。格栅长宽比不宜大于2。

水泥土桩墙

图3-4　水泥土桩与桩之间的搭接

c. 当水泥土桩墙需设置插筋时,桩身插筋应在桩顶搅拌完成后及时进行。插筋材料、插入长度和露出长度等均应符合设计要求。

d. 水泥土桩墙施工前,必须具备完整的勘察资料及工程附近管线、建筑物、构筑物和其他公共设施的构造情况,必要时应进行施工勘察和调查以确保工程质量及附近建筑的安全。

（2）排桩墙支护安全文明操作

① 排桩墙支护操作的基本步骤。

② 排桩墙支护安全文明操作。

a. 排桩墙测量放线。应按照排桩墙设计图在施工现场依据测量控制点进行。测量时应注意排桩墙形式（疏式、密式、双排式）和所采用的施工顺序。桩位偏差在轴线和垂直轴线方向均不宜超过表3-2的规定。桩位放线误差不超过10mm。

表3-2 桩位允许偏差　　　　　单位：mm

项目		允许偏差
有冠梁的桩	垂直梁中心线	100+0.01H
	沿梁中心线	150+0.01H

注：H为施工现场地面标高与桩顶设计标高之差。

b. 桩机就位（图3-5）。为保证打桩机下地表土受力均匀，防止不均匀沉降，保证打桩机施工安全，采用厚度为2～3cm的钢板铺设在桩机履带板下，钢板宽度比桩机宽2m左右，保证打桩机行走和打桩的稳定性。

桩机行走时,应将桩锤放置于桩架中下部,以桩锤导向脚不伸出导杆末端为准。根据打桩机下端的角度调整桩架的垂直度,并用线坠由桩帽中心点吊下,与地上桩位点对中。

图3-5 桩机就位

c. 钢板桩排桩墙施工。钢板桩的设置（图3-6）位置应便于基础施工，即在基础结构边缘之外，并留有支、拆模板的余地。

> 钢板桩简易的形式是以槽钢、工字钢等型钢，采用正反扣组成，由于其抗弯、抗渗能力较强，且生产定尺为6～8m，一般只用于较浅（基坑开挖深度 $h \leqslant 4m$）的基坑。钢板桩里面应平直，以一块长1.5～2m、锁扣符合标准的同型板桩进行检查，凡锁扣不合的都应进行修正，合格后方可使用。

图3-6 钢板桩现场设置

钢板桩的检验及校正（图3-7）。用于基坑支护的成品钢板桩如新桩，可按出厂标准进行检验；重复使用的钢板桩使用前，应当对外观质量进行检验，包括长度、宽度、厚度、高度等是否符合设计要求，有无表面缺陷、端头矩形比、垂直度和锁扣形状是否满足要求等。

（3）土钉墙支护安全文明操作

土钉支护（图3-8）是在基坑开挖坡面，用机械钻孔或洛阳铲成孔，孔内放钢筋，并注浆，在坡面安装钢筋网，喷射80～100mm厚的C20混凝土，使土体、钢筋与喷射混凝土面板结合，成为深基坑。

导架安装。导架通常是由导梁和围檩桩组成,在平面上有单面和双面之分,在高度上有单层和双层之分。一般常用的单层双面导架,围檩桩的间距一般为2.5~3.5m,双面围檩之间的间距一般比板桩墙厚度大8~15mm。

图3-7 钢板桩的检验及校正

图3-8 土钉支护现场施工图片

土钉墙支护安全文明操作要点如下。

① 土钉设置（图3-9）通常做法是先在土体上成孔，然后置入土钉钢筋并沿全长注浆，也可以是采用专门设备将土钉钢筋击入土体内。

图3-9　土钉现场设置施工

② 钻孔（图3-10）前应根据设计要求定出孔位并做出标记和编号，钻孔时要保证位置正确（上下左右及角度），防止高低参差不齐和相互交错。

钻进时要比设计深度多钻进100～200mm,以防止孔深不够。

图3-10　钻孔施工

③ 插入土钉钢筋（图3-11）前要进行清孔检查，若孔中出现局部渗水、塌孔或掉落松土，应立即处理。

土钉钢筋置入孔中前,要先在钢筋上安装对中定位支架,以保证钢筋处于孔位中心且注浆后其保护层厚度不小于25mm。支架沿钉长的间距可为2~3m,支架可为金属或塑料件,以不妨碍浆体自由流动为宜。

图3-11 现场插入土钉钢筋

④ 注浆（图3-12）。注浆材料宜选用水泥浆、水泥砂浆。注浆用水泥砂浆的水灰比不宜超过0.4～0.45，当用水泥净浆时水灰比不宜超过0.45～0.5，并宜加入适量的速凝剂等外加剂以促进早凝和控制泌水。

一般可采用重力、低压(0.4~0.6MPa)或高压(1~2MPa)注浆,水平孔应采用低压或高压注浆。压力注浆时应在孔口或规定位置设置止浆塞,注满后保持压力3~5min。重力注浆以满孔为止,但在浆体初凝前需补浆1~2次。

图3-12 注浆现场操作

⑤喷射面层（图3-13）。当设计层厚度超过100mm时，混凝土应分两次喷射，一次喷射厚度不宜小于40mm，且接缝错开。混凝土接缝在继续喷射混凝土之前应清除浮浆碎屑，并喷少量水润湿。

图3-13　喷射面层施工

2. 基坑支护安全文明操作常用数据

（1）水泥土桩与桩之间的搭接宽度应根据挡土及载土要求确定，考虑截水作用时，桩的有效搭接宽度不宜小于200mm。

（2）水泥土桩墙采用格栅布置时，水泥土和置换率对于淤泥不宜小于0.8，淤泥质土不宜小于0.7，一般黏性土及砂土不宜小于0.6，格栅长宽比不宜大于2。

3. 基坑支护安全文明操作施工总结

（1）支护结构的选型应考虑结构的空间效应和基坑特点，选择有利支护的结构型式或采用几种形式相结合。

（2）当采用悬臂式结构支护时，基坑深度不宜大于6m。基坑深度超过6m时，可选用单支点和多支点的支护结构。地下水位低的地区和能保证降水施工时，也可采用土钉支护。

（3）寒冷地区基坑设计应考虑土体冻胀力的影响。

（4）支撑安装必须按设计位置进行，施工过程严禁随意变更，并应切实使围檩与挡土桩墙结合紧密。挡土板或板桩与坑壁间的回填土应分层回填夯实。

（5）支撑的安装和拆除顺序必须与设计工况相符合，并与土方开挖和主体工程的施工顺序相配合。分层开挖时，应先支撑后开挖；同层开挖时，应边开挖边支撑。支撑拆除前，应采取换撑措施，防止边坡卸载过快。

第二节　支护结构拆除及地下水控制安全文明操作

一、支护结构拆除安全文明操作

支护结构拆除安全文明操作要点如下。

（1）拆除支护结构应与回填土紧密结合，应当自下而上分段、分层进行。拆除中，严禁碰撞、损坏未拆除部分的支护结构。

（2）采用机械拆除沉、埋桩时，必须由信号工负责指挥。拔除桩后的孔应当及时填实，恢复地面原貌。

（3）拆除前，应当先用千斤顶将桩松动。吊拔时应垂直向上，不得斜拉、斜吊，严禁超过机械的起拔能力。吊拔到半桩长时，应当系控制缆绳以保持桩的稳定。

（4）拆除立板撑。应当在填土至撑杆底面距离在30cm以内方可拆除撑杆与相应的横梁，撑板应随填土的加高逐渐上拔。

（5）拆除相邻桩间的挡土板时，每次拆除高度应当依据土质、槽深而定。拆除后应当及时回填土，槽壁的外露时间不宜超过4h。

（6）拆除沉、埋桩的撑杆时，应当待回填土至撑杆以下30cm以内或者施工设计规定位置，方可倒撑或者拆除撑杆。

（7）拆除横板密撑应当随填土的加高自下而上拆除，一次拆除撑板不宜大于30cm或者一横板宽。一次拆撑不能保证安全时应倒撑，每步倒撑不得大于原支撑的间距。

二、地下水控制安全文明操作

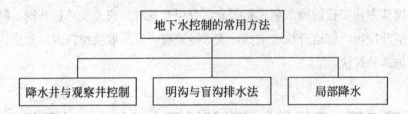

1. 降水井与观察井控制地下水安全文明操作要点

（1）井点系统应以单根集水总管为单位，围绕基坑布置。当井点环宽度超过40m时，可征得设计同意在中部设置临时井点系统进行辅助降水。当井点环不能封闭时，应在开口部位向基坑外侧延长1/2井点环宽度作为保护段，以确保降水效果。

（2）在抽水工程中（图3-14），应经常检查和调节离心泵的出水阀门，以控制流水量。当地下水位降到所要求的水位后，减少出水阀门的出水量，尽量使抽吸与排水保持均匀，达到细水长流。

（3）井点位置应距坑边2～2.5m，以防止井点设置影响边坑土坡的稳定性。

（4）井点抽水时应保持要求的真空度，除降水系统做好密封外，还应采取保护坡面的措施，以避免随着开挖的进行坡面因暴露造成漏气。

在抽水过程中,特别是开始抽水时,应检查有无井点淤塞的死井,如死井数量超过10%,则严重影响降水效果,应及时采取措施,采用高压水反复冲洗处理。

图3-14 降水井抽水

2. 明沟与盲沟控制地下水安全文明操作要点

（1）排水沟布置（图3-15）在基坑两侧或四周，集水坑在基坑四角每隔30～40m设置，坡度宜为0.1%～0.2%。

排水沟宜布置在拟建建筑基础边0.4m以外,集水坑地面应比沟底低0.5m。水泵型号依据水量计算确定。明沟排水应注意保持排水通道畅通。视水量大小可以选择连续抽水或间断抽水。沟槽宽阔时宜采用明沟,狭窄时宜采用盲沟。

图3-15 基坑排水沟布置

（2）普通明沟排水法的施工方法

① 在基坑（槽）的周围一侧或两侧设置排水边沟，每隔20～30m设置一集水井，使地下水汇集于井内。

② 集水井的截面为600mm×600mm～800mm×800mm，井底保持低于沟底0.1～0.4m，井壁用竹筏、模板加固。

3. 局部降水控制地下水安全文明操作要点

（1）使用局部降水井点（图3-16）时，基坑周围井点应对称，同时抽水，使水位差控制在要求的范围内。

潜水泵在运行时应经常观测水位变化情况，检查电缆线是否与井壁相碰，以防磨损后水沿电缆芯渗入电动机内。同时，还必须定期检查密封的可靠性，以保证正常运转。

图3-16　局部降水井水泵安装

（2）采用沉井成孔法。在下沉过程中，应控制井位和井深垂直度偏差在允许范围内，使井管竖直、准确就位。

（3）施工完毕后，应在井口设置护栏，高度不低于1.2m，并加装井盖，防止杂物掉进井内。

4. 地下水位控制安全文明操作施工总结

（1）膨胀土场地应在基坑边缘采取抹水泥地面等防水措施，封闭坡顶及坡面，防止各种水流（渗）入坑壁。不得向基坑边缘倾倒各种废水并应防止水管泄露冲走桩间土。

（2）软土基坑、高水位地区应做截水帷幕，应防止单纯降水造成基土流失。

（3）截水结构的设计必须根据地质、水文资料及开挖深度等条件进行，截水结构必须满足隔渗要求，且支护结构必须满足变形要求。

（4）在降水井点与重要建筑物之间宜设置回灌井（或回灌沟），在基坑降水的同时，应沿建筑物地下回灌，保持原地下水位，或采取减缓降水速度，控制地面沉降。

第四章

脚手架搭设安全文明施工

第一节 落地式脚手架搭设安全文明施工

一、扣件式钢管脚手架搭设安全文明操作

1. 扣件式钢管脚手架的搭设程序

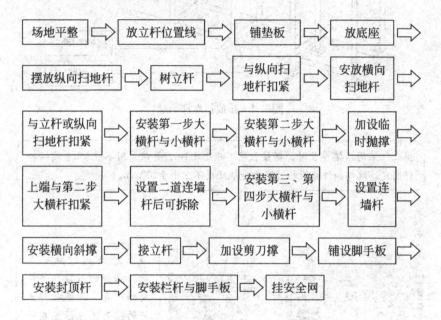

2. 扣件式钢管脚手架安全文明搭设要点

（1）摆放扫地杆、树立杆

根据脚手架的宽度摆放纵向扫地杆，然后将各立杆的底部按规定跨距与纵向扫地杆用直角扣件固定，并安装好横向扫地杆，如图4-1所示。

立杆（图4-2）要先树内排立杆，后树外排立杆；先树两端立杆，后树中间各立杆。每根立杆底部应设置底座或垫板。当立杆基础不在同一高度时，应将高处的纵向扫地杆向低处延长两跨并与立杆固定，高低差不应大于1m。靠边坡上方的立杆到边坡距离应大于0.5m。

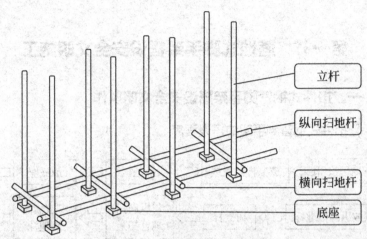

图4-1 排放扫地杆示意

当立杆采用搭接接长时，搭接长度不应小于1m，并应采用不少于2个旋转扣件固定。端部扣件盖板的边缘至杆端距离不应小于100mm。

当立杆采用对接接长时，立杆的对接扣件应交错布置，两根相邻立杆的接头不应设置在同步内，同步内隔一根立杆的两个相隔接头在高度方向错开的距离不宜小于500mm。

图4-2 树立杆操作

（2）安装纵向和横向水平杆

在树立杆的同时，要及时搭设第一、第二步纵向水平杆（图4-3）和横向水平杆（图4-4），以及临时抛撑或连墙件，以防架子倾倒。

搭接长度不应小于1m，应等间距设置3个旋转扣件固定，端部扣件盖板边缘至搭接纵向水平杆杆端的距离不应小于100mm。

纵向水平杆宜设置在立杆内侧，单根杆长度不宜小于3跨。

立杆

旋转扣件

图4-3　纵向水平杆搭设

当使用冲压钢脚手板、木脚手板、竹串片脚手板时，双排脚手架的横向水平杆两端均应采用直角扣件固定在纵向水平杆上。单排脚手架的横向水平杆的一端，应用直角扣件固定在纵向水平杆上，另一端插入墙内，插入长度不应小于180mm。

作业层上非主节点处的横向水平杆，宜根据支承脚手板的需要等间距设置，最大间距不应大于纵距的1/2。

纵向水平杆

图4-4　横向水平杆搭设

（3）设置连墙件

连墙件有刚性连墙件和柔性连墙件两类。搭设高度小于24m的脚手架宜采用刚性连墙件，高度大于或等于24m的脚手架必须用刚性连墙件（图4-5）。连墙件应从第一步纵向水平杆处开始设置，当该处设置有困难时，应采取其他措施。

连墙件的设置位置宜靠近主节点，偏离主节点的距离不应大于300mm。在建筑物的每一层范围内均需设置一排连墙件。

图4-5　刚性连墙件设置

（4）设置横向斜撑（图4-6）

横向斜撑应随立杆、纵向水平杆、横向水平杆等同步搭设。高度在24m以上的封圈型双排脚手架，在拐角处应设置横向抛撑，在中间应每隔6跨设置一道。

横向斜撑应在同一节间内由底到顶呈"之"字形连续布置。

图4-6　横向斜撑现场设置

（5）接立杆

立杆的对接接头应交错布置。两根相邻立杆的接头不得设置在同步内，且接头的高差不小于500mm，各接头中心至主节点的距离不宜大于步距的1/3，同步内每隔一根立杆的两个相隔接头在高度方向上错开的距离不得小于500mm。

（6）设置剪刀撑（图4-7）

剪刀撑斜杆应用旋转扣件固定在与之相交的横向水平杆上，且扣件中心线与主节点的距离不宜大于150mm。底层斜杆的下端必须支承在垫块或垫板上。

剪刀撑斜杆的接长宜用搭接，其搭接长度不应小于1m，至少用两个旋转扣件固定，端部扣件盖板边缘至杆端的距离不小于100mm。

图4-7 剪刀撑现场设置图片

（7）栏杆和挡脚板的搭设

在脚手架中离地（楼）面2m以上铺有脚手板的作业层，都必须在脚手架外立杆的内侧设置两道栏杆和挡脚板。上栏杆的上皮高度为1.2m，中栏杆高度应居中，挡脚板高度不应小于180mm。

3. 扣件式钢管脚手架安全文明安装常用数据

扣件式钢管脚手架安装常用数据见表4-1和表4-2。

表4-1 连墙件布置最大间距

脚手架高度	双排		单排
竖向间距	≤50m	>50m	≤24m
	$3h$	$2h$	$3h$
水平间距	$3l_a$	$3l_a$	$3l_a$
每根连墙件覆盖面积/m²	≤40	≤27	≤40

注：h为步距；l_a为纵距。

表4-2 剪刀撑跨越立杆的最多根数

剪刀撑斜杆与地面的倾角	45°	50°	60°
剪刀撑跨越立杆的最多根数	7	6	5

4. 扣件式钢管脚手架安全文明搭设施工总结

（1）单、双排脚手架必须配合施工进度搭设，一次搭设高度不应超过相邻连墙件以上两步；如果超过相邻连墙件以上两步，无法设置连墙件时，应采取撑拉固定等措施与建筑结构拉结。

（2）底座、垫板均应准确地放在定位线上。垫板应采用长度大于或等于2跨、厚度大于或等于50mm、宽度大于或等于200mm的木垫板。

（3）脚手板应铺满、铺稳，离墙面的距离不应大于150mm。

（4）在拐角、斜道平台口处的脚手板，应用镀锌钢丝固定在横向水平杆上，防止滑动。

二、碗扣式钢管脚手架搭设安全文明操作

1. 碗扣式钢管脚手架的搭设程序

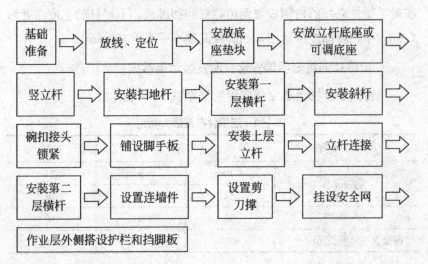

2. 碗扣式钢管脚手架安全文明搭设要点

安放立杆底座

（1）安放立杆底座常出现的问题及处理方法见表4-3。

表4-3 安放立杆底座常出现的问题及处理方法

情况分类	处理方法	示意图
坚实平整的地基基础	在这种地基基础上架设脚手架，其立杆底座可直接用立杆垫座	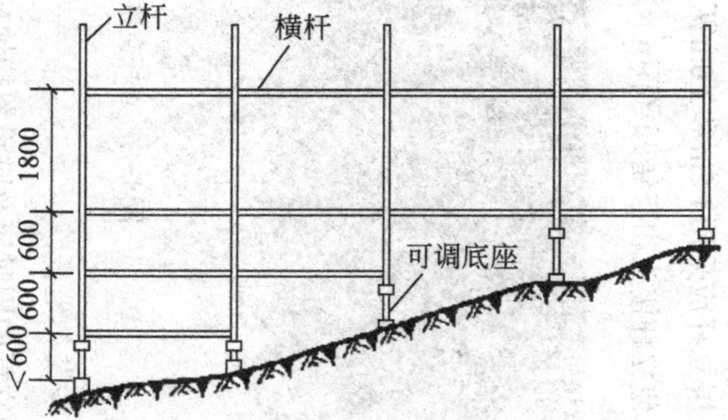
地势不平或高层重载	这两种情况下，脚手架底部可以考虑立杆可调底座，地势不平地基的立杆布置如右图所示	
相邻立杆地基高差小于0.6m	可直接用立杆可调底座调整立杆高度，使立杆碗扣接头处于同一水平面内	
相邻立杆地基高差大于0.6m	可先调整立杆节间，即对于高差超过0.6m的地基，立杆相应增加一个节间0.6m，使同一层碗扣接头的高差小于0.6m，再用立杆可调底座调整高度，使其处于同一水平面上	

（2）在安装好的底座上插入立杆

第一层立杆应采用1.8m和3.0m两种不同长度立杆相互交错，参差布置，使立杆接头相互错开（图4-8）。

上面各层均采用3m长立杆接长，顶部再用1.8m长立杆找平。

图4-8　立杆交错布置施工

（3）安装扫地杆

在装立杆的同时应及时设置扫地杆（图4-9），将立杆连接成一个整体，以保证框架的整体稳定。

立杆与横杆的连接是靠碗扣接头，连接横杆时，先将横杆接头插入下碗扣的周边带齿的圆槽内，将上碗扣沿限位销滑下扣住横杆接头，并顺时针旋转扣紧，用铁锤敲击几下即能牢固锁紧。

图4-9　施工现场扫地杆的设置

（4）安装底层横杆

碗扣式钢管脚手架（图4-10）的步高取600mm的倍数，一般采用

1800mm，只有在荷载较大或较小的情况下，才采用1200mm或2400mm。

图4-10　碗扣式脚手架搭设

将横杆接头插入立杆的下碗扣内，然后将上碗扣沿限位销扣下，并顺时针旋转，靠上碗扣螺栓旋面使之与限位销顶紧，将横杆与立杆牢固地连在一起，形成框架结构。单排脚手架中横向横杆（图4-11）的一端与立杆连接固定，另一端采取带有活动的夹板将横杆与建筑结构或墙体夹紧。

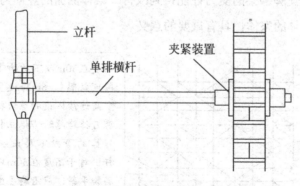

图4-11　单排脚手架横向横杆安装示意

（5）安装斜杆

斜杆安装的步骤及要点见表4-4。

表4-4 斜杆安装的步骤及要点

步骤	安装要点
斜杆的连接	斜杆同立杆的连接与横杆同立杆的连接相同,对于不同尺寸的框架应配备相应长度斜杆。由于碗扣节头的特点,在每个碗扣内只能安装4个接头卡扣。一般情况下,碗扣节头处至少存在3个横杆节头,因此每个节头处只能安置1个斜杆节头的卡扣,这样就决定了脚手架的1个节点处只能安装1根斜杆,造成一部分斜杆不能设在脚手架的中心节点处(非接点斜杆),以及沿脚手架外侧纵向布置的斜杆不能连成一条直线
通道斜杆的布置	对于一字形及开口形脚手架,应在两端横向框架内沿全高连续设置节点通道斜杆;对于30m以下的脚手架,中间可不设通道斜杆;对于30m以上的脚手架,中间应每隔5~6跨设置一道沿全高连续设置的通道斜杆;对于高层和重载脚手架,除按上述构造要求设置通道斜杆外,当横向平面框架所承受的总荷载达到或超过25kN时,该框架应增设通道斜杆
纵向斜杆的布置	在脚手架的拐角边缘及端部必须设置纵向斜杆,中间可均匀地间隔布置,纵向斜杆必须两侧对称布置。纵向斜杆应尽量布置在框架节点上

(6)布置剪刀撑 剪刀撑包括竖向剪刀撑(图4-12)以及纵向水平剪刀撑,应采用钢管和扣件搭设,这样既可减少碗扣式斜杆的用量,又能使脚手架的受力性能得到改善。架体侧面的竖向剪刀撑,对于增强架体的整体性具有重要的意义。

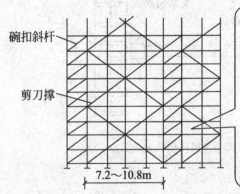

碗扣斜杆

剪刀撑

7.2~10.8m

高度在30m以下的脚下架,一般可每隔4~6m跨设置一组沿全高连续搭设的剪刀撑,每道剪刀撑跨越5~7根立杆,设剪刀撑的跨内不再设碗扣式斜杆;对于高度在30m以上的高层脚手架,应沿脚手架外侧以及全高方向连续设置,两组剪刀撑之间用碗扣式斜杆。

图4-12 纵向斜撑和竖向剪刀撑设置示意

（7）安装连墙件

连墙件（图4-13）必须按设置要求与架子的升高同步，在规定的位置安装，不得后补或任意拆除。

建筑物的每一楼层都必须与脚手架连接，连墙点的垂直距离不大于4m，水平距离不大于4.5m，尽量采用梅花形布置方式。

图4-13　碗扣式脚手架连墙件安装

连墙件应尽量连接在横杆层碗扣接头内，同脚手架、墙体保持垂直，并随建筑物及架体的升高及时设置，设置时要注意调整脚手架与墙体间的距离，使脚手架竖向平面保持垂直，严禁架体向外倾斜。连墙件应尽量与脚手架体或墙体保持垂直，各向倾角不得超过10°。

3. 碗扣式钢管脚手架安全文明安装常用数据

碗扣式钢管脚手架安装常用数据见表4-5。

表4-5　碗扣式钢管脚手架搭设常用数据

序号	项目名称	规定内容
1	架设高度H	$H \leqslant 20m$时，普通脚手架按常规塔设 $H > 20m$时，脚手架必须做出专项施工设计并进行结构验算
2	荷载限制	砌筑脚手架$\leqslant 2.7kN/m^2$ 装修架子为$1.2 \sim 2.0kN/m^2$或按实际情况考虑

续表

序号	项目名称	规定内容
3	基础做法	基础应平整、夯实，并有排水措施。立杆应设有底座，并用0.05m×0.2m×2m的木脚手板通垫 $H>40m$的架子应进行基础验算并确定铺垫措施
4	立杆纵距	一般为1.2～1.5m，超过此值应进行验证
5	立杆横距	≤1.2m
6	步距高度	砌筑架子<1.2m；装修架子<1.8m
7	立杆垂直偏差	$H<30m$时，<1/500架高 $H>30m$时，<1/1000架高
8	小横杆间距	砌筑架子<1m；装修架子<1.5m
9	架高范围内垂直作业的要求	铺设板不超过3～4层，砌筑作业不超过1层，装修作业不超过2层
10	作业完毕后横杆保留程度	靠立杆处的横向水平杆全部保留，其余可拆除
11	剪刀撑	沿脚手架转角处往里布置，每4～6根为一组，与地面夹角为45°～60°
12	与结构拉结	每层设置，垂直间距离<4.0m，水平间距离<4.0～6.0m
13	垂直斜拉杆	在转角处向两端布置1～2个扣件
14	护身栏杆	$H=1m$，并设$h=0.25m$的挡脚板
15	连接件	凡$H>30m$的高层架子，下部$H>2$均用齿形碗扣

注：1.脚手架的立杆横距（脚手架宽度）l_0一般取1.2m；立杆纵距（跨度）l常用1.5m；架高$H\leqslant20m$的装修脚手架，立杆纵距l亦可取1.8m；$H>40m$时，立杆纵距l宜取1.2m。

2.搭设高度H与主杆纵横间距有关：当立杆纵向、横向间距为1.2m×1.2m时，架高H应控制在60m左右；当立杆纵向、横向间距为1.5m×1.2m时，架高H不宜超过50m；更高的架体用分段搭设。

4.碗扣式钢管脚手架安全文明搭设施工总结

（1）脚手架组装以3～4人为一组为宜，其中1～2人递料，另外两人共同配合组装，每人负责一端。组装时，要求至多两层向同一方向，或由中间向两边推进，不得从两边向中间合拢组装，否则中间杆件会因两侧架子刚度太大而难以安装。

（2）碗扣式脚手架的底层组架最为关键，其组装质量直接影响到整架的质量。当组装完两层横杆后，首先应检查并调整水平框架的直角度和纵向直线度。其次应检查横杆的水平度，并通过调整立杆可调底座使横杆间的水平偏差小于1/400L（L表示横杆的长度），同时应逐个检查立杆底脚，并确保所有立杆不悬空，不松动。

（3）连墙件应随着脚手架的搭设而随时在设计位置设置，并尽量与脚手架和建筑物外表面垂直；单排横杆插入墙体后，应将夹板用榔头击紧，不得浮放；不得将脚手架构件等物从过高的地方抛掷，不得随意拆除已投入使用的脚手架构件。

三、门式钢管脚手架搭设安全文明操作

1. 门式钢管脚手架的搭设程序

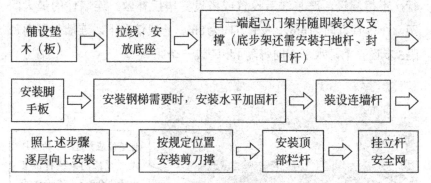

2. 门式钢管脚手架安全文明搭设要点

（1）铺设垫木或垫板、安放底座

基底必须平整坚实，并铺底座，做好排水工作。当垫木长度为1.6～2.0m时，垫木宜垂直于墙面方向横铺；当垫木长度为4.0m左右时，垫木宜平行于墙面方向顺铺。

（2）立门架、安装交叉支撑、安装水平架或脚手板

在脚手架的一端将第一榀门架和第二榀门架立在4个底座上后，纵向立即用交叉支撑连接两榀门架的立杆，门架的内外两侧安装交叉支撑，在顶部水平面上安装水平架或挂扣式脚手板，搭成门式钢管脚手架的一个基本结构。后面每安装一榀门架，就及时安装交叉支撑、水平架或脚手板，依次按此步骤沿纵向逐榀安装搭设。

（3）安装水平加固杆

水平加固杆采用ϕ48钢管，并用扣件在门架立杆的内侧与立杆扣牢。当脚手架高度超过20m时，为防止发生不均匀沉降，脚手架最下面3步可以每步设置一道水平加固杆（脚手架外侧），3步以上每隔4步设置一道水平加固杆，并宜在有连墙件的水平层连续设置，以形成水平闭合圈，对脚手架起环箍作用，以增强脚手架的稳定性。

（4）设置连墙件

连墙件的搭设（图4-14）必须按规定间距随脚手架搭设同步进行，不得漏设，严禁滞后设置或搭设完毕后补做。连墙件的最大间距，在垂直方向为6m，水平方向为8m。一般情况下，连墙件竖向每隔3步设一个，水平方向每隔4步跨设一个。

连墙件应靠近门架的横杆设置，距门架横杆不宜大于200mm。连墙件应固定在门架的立杆上。

图4-14　门式脚手架连墙件搭设

（5）搭设剪刀撑

剪刀撑采用 ϕ48 钢管，用扣件在脚手架门架立杆的外侧与立杆扣牢，剪刀撑斜杆与地面倾角宜为45°～60°，宽度一般为4～8m，自架底至架顶连续设置。

（6）门架竖向组装

上、下门架的组装（图4-15）必须设置连接棒和锁臂，其他部件则按其所处部位相应及时安装。连接门架与配件的锁臂、搭钩必须处于锁住状态。

> 门式脚手架的搭设应与施工进度同步，一次搭设高度不宜超过最上层连墙件2步，且自由高度不应大于4m。

图4-15 上、下门架的组装

3. 门式钢管脚手架安全文明安装常用数据

门式钢管脚手架搭设高度要求见表4-6。

表4-6 门式钢管脚手架搭设高度要求

序号	搭设方式	施工荷载标准值 $\sum Q_k/$（kN/m²）	搭设高度/m
1	落地、密目式安全网全封闭	≤3.0	≤55
2		>3.0且≤5.0	≤40
3	悬挑、密目式安全网全封闭	≤3.0	≤24
4		>3.0且≤5.0	≤18

4. 门式钢管脚手架安全文明搭设施工总结

（1）门式脚手架的搭设应与施工进度同步，一次搭设高度不宜超过最上层连墙件两步，且自由高度不应大于4m。

（2）门架的组装应自一端向另一端延伸，应自下而上按步架设，并应逐层改变搭设方向；不应自两端相向搭设或自中间向两端搭设。

（3）在施工作业层外侧周边应设置180mm高的挡脚板和两道栏杆，上道栏杆高度应为1.2m，下道栏杆应居中设置。挡脚板和栏杆均应设置在门架立杆的内侧。

（4）斜杆撑、托架梁及通道口两侧的门架立杆加强杆杆件应与门架同步搭设，严禁滞后安装。

第二节　非落地式脚手架搭设安全文明施工

一、悬挑脚手架搭设安全文明施工

1. 悬挑脚手架的搭设程序

支撑杆式悬挑脚手架搭设顺序：

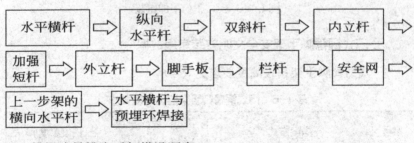

挑梁式悬挑脚手架搭设顺序：

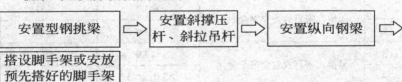

2. 悬挑脚手架安全文明搭设要点

（1）支撑杆式悬挑脚手架搭设

连墙杆的设置：根据建筑物的轴线尺寸，在水平方向应每隔3跨（6m）设置一个，在垂直方向应每隔3～4m设置一个，并要求各点互相错开，形成梅花状布置。

要严格控制脚手架（图4-16）的垂直度，随搭随检查，发现超过允许偏差及时纠正。

垂直度偏差：第一段不得超过1/400；第二段、第三段不得超过1/200。

脚手架中各层均应设置护栏、踢脚板和扶梯。脚手架外侧和单个架子的底面用小眼安全网封闭，架子与建筑物要保持必要的通道。

图4-16　支撑杆式悬挑脚手架

脚手架的底层应满铺厚木脚手板，其上各层可满铺薄钢板冲压成的穿孔轻型脚手板。

（2）挑梁式悬挑脚手架搭设

悬挑梁与墙体结构的连接，应预埋铁件（图4-17）或留好孔洞，不得随便打孔凿洞，破坏墙体。各支点要与建筑物中的预埋件连接牢固。

挑梁式悬挑脚手架立杆与挑梁（或纵梁）的连接，应在挑梁（或纵梁）上焊150～200mm长钢管，其外径比脚手架立杆内径小

1.0～1.5mm，用接长扣件连接，同时在立杆下部设1～2道扫地杆，以确保架子的稳定。

> 支撑在悬挑支承结构上的脚手架，其最低一层水平杆处应满铺脚手板，以保证脚手架底层有足够的横向水平刚度。

图4-17 挑梁式悬挑脚手架预埋铁件

3. 悬挑脚手架安全文明搭设常用数据

悬挑脚手架搭设的常用数据见表4-7。

表4-7 分段式外挑手架搭设的技术要求

允许荷载 /（N/m²）	立杆最大间距/mm	纵向水平杆最大间距/mm	横向水平杆间距/mm		
			脚手板厚度		
			30mm	43mm	50mm
1000	2700	1350	2000	2000	2000
2000	2400	1200	1400	1400	1750
3000	2000	1000	2000	2000	2200

4. 悬挑脚手架安全文明搭设施工总结

（1）用于锚固的U形钢筋拉环或螺栓应采用冷弯成型，钢筋直径不应小于16mm。

（2）当型钢悬挑梁与建筑结构采用螺栓钢压板连接固定时，钢压板尺寸不应小于100mm×10mm（宽×厚）；当采用螺栓角钢压板连接固定时，角钢的规格不应小于63mm×63mm×6mm。

（3）型钢悬挑梁与U形钢筋拉环或螺栓连接应紧固。当采用钢筋拉环连接时，应采用钢楔或硬木楔塞紧。当采用螺栓钢压板连接时，应采用双螺母拧紧。严禁型钢悬挑梁晃动。

（4）悬挑脚手架底层门架立杆与型钢悬挑梁应可靠连接，不得滑动或窜动。型钢梁上应设置固定连接棒与门架立杆连接，连接棒的直径不应小于25mm，长度不应小于100mm，应与型钢梁焊接牢固。

（5）悬挑脚手架的底层门架两侧立杆应设置纵向扫地杆，并应在脚手架的转角处、两端和中间间隔不超过15m的底层门架上各设置一道单跨距的水平剪刀撑，剪刀撑斜杆应与门架立杆底部扣紧。

二、附着式升降脚手架搭设安全文明施工

1. 附着式升降脚手架的搭设程序

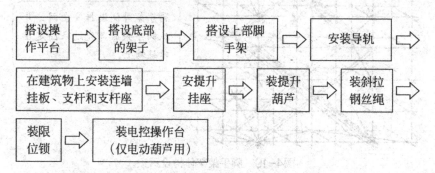

2. 附着式升降脚手架安全文明搭设要点

（1）选择安装起始点、安放提升滑轮组并搭设底部架子（图4-18）

脚手架安装的起始点一般选在附着式升降脚手架的提升机构位置不需要调整的地方。

（2）脚手架架体搭设（图4-19）

以底部架为基础，配合工程施工进度搭设上部脚手架。

安放提升滑轮组，并与架子中与导轨位置相对应的立杆连接，并以此立杆为准向一侧或两侧依次搭设底部的架子；与提升滑轮组相连（即与导轨位置相对应)的立杆一般是位于脚手架端部的第二根立杆，此处要设置从底到顶的横向斜杆。

图4-18　提升滑轮现场安装

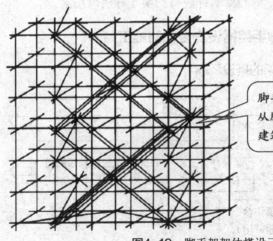

脚手架外侧满挂安全网，并从脚手架底部兜过来固定在建筑物上。

图4-19　脚手架架体搭设示意

与导轨位置相对应的横向承力框架内沿全高设置横向斜杆，在脚手架外侧沿全高设置剪刀撑；在脚手架内侧安装爬升机械的两立杆之间设置横向斜撑。

（3）安装导轮组、导轨

在脚手架架体与导轨相对应的两根立杆上，上、下各安装两组导轮组，然后将导轨插进导轮和提升滑轮组下（图4-20）的导孔中（图4-21）。

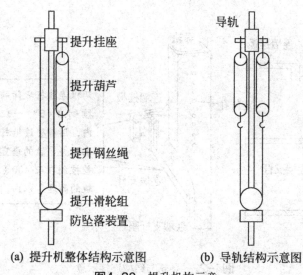

(a) 提升机整体结构示意图   (b) 导轨结构示意图

图4-20　提升机构示意

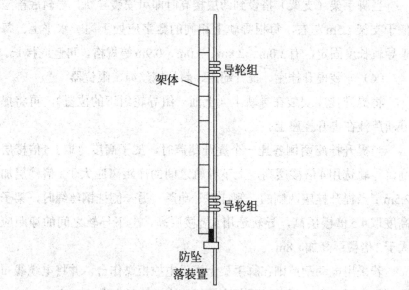

图4-21　导轨与架体连接示意

在建筑物结构上安装连墙挂板、连墙支杆、连墙支座杆，再将导轨与连墙支座连接（图4-22）。

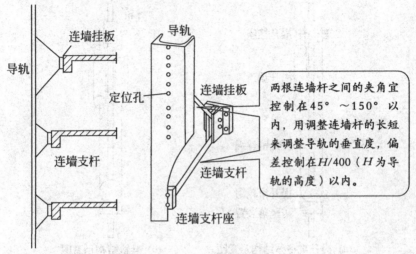

图4-22　导轨与结构连接示意

当脚手架（支架）搭设到两层楼高时即可安装导轨，导轨底部应低于支架1.5m左右，每根导轨上相同的数字应处于同一水平上。每根导轨长度固定，有3.0m、2.8m、2.0m、0.9m等规格，可竖向接长。

（4）安装提升挂座、提升葫芦、斜拉钢丝绳、限位器

将提升挂座安装在导轨上（上面一组导轮组下的位置），再将提升葫芦挂在提升挂座上。

当提升挂座两侧各挂一个提升葫芦时，架子高度可取3.5倍楼层高，导轨选用4倍楼层高，上下导轨之间的净距离应大于1倍楼层加2.5m；当提升挂座两侧的一侧挂提升葫芦，另一侧挂钢丝绳时，架子高度取4.5倍楼层高，导轨选用5倍楼层高，上下导轨之间的净距应大于2倍楼层高加1.8m。

若采用电动葫芦则在脚手架上搭设电控柜操作台，并将电缆线布置到每个提升点，同电动葫芦连接好（注意留足电缆线长度）。

3. 附着式升降脚手架安全文明搭设施工总结

（1）操作人员必须经过专业培训。脚手架组装前，应根据专项施工组织设计要求，配备合格人员，明确岗位职责。对所有材料、工具和设备进行检验，不合格的产品严禁投入使用。

（2）脚手架组装完毕，必须对各项安全保险装置、电气控制装置、升降动力设备、同步及荷载控制系统、附着支承点的连接件等进行仔细检查，在工程结构混凝土强度达到承载强度后，方可进行升降操作。

（3）升降操作前应解除所有妨碍架体升降的障碍和约束。升降时，严禁操作人员停留在架体上。特殊情况需要上人的，必须采取有效的安全防护措施。

第三节　脚手架安全文明施工操作技术要求

一、脚手架安全文明搭设一般要求

1. 扣件式钢管脚手架搭设

（1）立杆间距一般不大于2.0m，立杆横距不大于1.5m，连墙杆不少于三步三跨，脚手架底层满铺一层固定的脚手板，作业层满铺脚手板，自作业层往下计，每隔12m必须满铺一层脚手板。

（2）立杆接长除顶层顶步外，其余各层各步接头必须采用对接扣件连接。两根相邻立杆的接头不得设置在同一步距内，同步内隔一根立杆的两个接头在高度方向错开的距离不宜小于500mm，各接头的中心至主节点的距离不宜小于500mm，各接头的中心至主要节点的距离不宜大于布局的1/3。顶层顶步立杆若采用搭接接长，其搭接长度不应小于1000mm，并采用不少于2个旋转扣件固定，端部扣件盖板边缘至杆端距离不应小于10mm。

（3）主节点必须设置一根横向水平杆，用直角扣件扣接且严禁拆除。主节点处两个直角扣件的中心距不应大于150mm。在双排脚手架中，靠墙一端的横向水平杆外伸长度不应大于500mm。

（4）脚手架必须设置纵、横向扫地杆。纵、横向扫地杆应采用直角扣件固定在距底座上皮不大于200mm处的立杆上。当立杆基础不在同一水平面上时，必须将高处的纵向扫地杆向低处延长两跨与立杆固定，高低差不应大于1m。靠边坡上方的立杆轴线到边坡的距离不应小于500mm。

（5）立杆应纵成线、横成方，垂直偏差不得大于架高的1/200。立杆接长应使用对接扣件连接，相邻的两根立杆接头应错开500mm，不得在同一步架内。立杆下脚应设纵、横向扫地杆。

纵向水平杆在同一步架内纵向水平高差不得超过全长的1/300。纵向水平杆应使用对接扣件连接。相邻两根纵向水平杆接头错开500mm，不得在同一跨内。

（6）高度在20m以上的双排扣件式钢管脚手架，必须用刚性连墙杆与建筑物可靠连接。高度在20m以下的单、双排脚手架，宜采用刚性连墙杆与建筑物可靠连接。亦可采用钢筋和顶撑配合使用的附墙连接方式。严禁使用仅有钢筋的柔性连墙杆。

（7）高层施工脚手架（高20m以上）在搭设过程中必须以15～18m为一段，根据实际情况，采取撑、挑、吊等分阶段将荷载卸到建筑物的技术措施。

（8）一字形、开口形双排钢管扣件式脚手架的两端均必须设置横向斜撑。高度在20m以上的封闭型脚手架，除拐角用设置横向斜撑外，中间应每隔6跨设置一道。横向斜撑应在同一节间，由底至顶层呈"之"字形连续布置。

2.门式钢管脚手架搭设

（1）门式脚手架立杆离墙面净距不宜大于150mm，上、下榀门架的组装必须设置连接棒及锁臂，内外两侧均应设置交叉支撑并与门架立杆上的锁销锁牢。

（2）门式脚手架的安装应自一端向另一端延伸，并逐层改变搭设方向，不得相对进行。交叉支撑、水平架或脚手板应紧随门架的安装及时设置。连接门架与配件的销臂、搭钩必须处于锁住状态。

（3）在门式脚手架的顶层门架上部、连墙杆设置层、防护棚设置处必须设置水平架。当门架搭设高度小于45m时，沿脚手架高度，水平架应至少两步一设；当门架搭设高度大于45m时，水平架应每步一设；无论脚手架多高，均应在脚手架转角处、端部及间断处的一个跨距范围内每步一设。

（4）水平架可由挂扣式脚手板或门架两侧设置的水平加固杆代替，在其设段层内成连续设置。当因施工需要临时局部拆除脚手架内侧交叉支撑时，应在其上方及下方设置水平架。

（5）当门式脚手架高度超过20m时，应在门式脚手架外侧每隔1步设置一道连续水平加固杆，底部门架下端应加封门杆，门架的内、外侧设通长的扫地杆。水平加固杆应采用扣件与门架立柱扣牢。

3. 附着式升降脚手架搭设

（1）首层组装应在安装平台上进行，水平架及竖向主框架在两相邻附着支撑结构处的高差不大于20mm，竖向主框架和防倾导向装置的垂直偏差不应大于5‰和60mm，预留穿墙螺栓孔和预埋件应垂直于工程结构外表面，中心误差小于15mm。

（2）脚手架组装完毕，必须对各项安全保险装置、电气装置、升降动力设备、同步及荷载控制系统、附着支撑点的连接点等进行仔细检查，在工程结构混凝土强度达到承载强度后，方可进行升降操作。

（3）升降操作前应解除所有妨碍架体升降的障碍和约束。升降时，严禁操作人员停留在架体上。特殊情况需要上人的，必须采取有效的安全防护措施。

（4）脚手架的拆除必须按照专项施工组织设计进行。拆除时严禁抛掷物件，拆下的材料及设备应及时检修保养，不符合设计要求的必须予以报废。

（5）升降工程中应实行统一指挥，规范指令。升、降指令只能由总指挥一人下达，但有异常时，任何人均可立即发出停止指令。

（6）架体长的施工荷载必须符合设计规定，严禁超载，严禁放置影响局部杆件安全的集中荷载，并应及时清理架体、设备及其他构配件上的垃圾和杂物。

二、其他附属设施安全文明安装要求

1. 安全网架设

（1）在无可靠防护措施的高处临边架设或拆除安全网，作业人员必须使用安全带，衣服、鞋子必须符合高处作业的安全要求。

（2）作业应由作业班长或其指定的熟练人员指挥，并严格遵守专项施工组织设计及安全技术书面交底的要求作业。所用工具、材料必须有防止滑托及坠落的措施。

（3）挂设安全平网时，其作业点的上方及下方不得有其他工种作业。遇有恶劣天气时，禁止进行露天高处架设作业。

（4）架设安全网作业使用的所有材料及材质，必须经过检查并符合专项安全施工组织设计的要求。

（5）使用过一次以上的旧网调入其他工程使用，必须附原始记录及使用记录，并必须按规定进行耐冲击性能检验和耐贯穿性能检验，合格后方可投入使用。当使用单位无此项检验能力时，应委托具有法定资格的检验检测单位进行，检验记录应留档存查。对超出产品有效期限的旧网，不得投入使用，必须做报废处理。

（6）架设安全平网，应在拟架设楼层紧贴外墙面连续设置横杆一道，用以固定安全平网的里口。

（7）固定安全平网里、外口的横杆应采用搭接的方式接长。钢管的搭接长度不应小于1.0m，使用两个以上的旋转扣件扣牢；木、竹材料的搭接长度不应小于1.5m，绑扎不少于三道。

（8）支撑斜杆的设置间距应符合设计的要求。当无设计要求时，不应大于3.0m。支撑斜杆的下端应有牢固的固定措施。

（9）首层安全平网的安装高度，其网体最低点距地面的距离不宜小于4m，与下方物体的距离应不小于3.0m。网的宽度不小于5m。

（10）安全立网的每根网绳都必须与支撑杆件系结。密目式安全立网的每个开眼环扣都必须穿入强度符合要求的纤维绳与支撑杆系结，或作网与网之间的连接；也可采用不小于14号的钢丝绑扎，但绑扎钢丝的端头应妥善处理，必须朝下并朝网体外侧。

（11）立网的边绳与支撑架体应贴紧。安全立网安装平面每道层间网的间距，不得大于10m。层间网及随层网安装时，网面宜外高里低，与水平面的夹角约为15°。安装后的平网网面不宜绷得过紧，应有一定的松弛度，并使网片初始下垂的最低点与支撑架挑支杆件的距离不低于1.5m。层间网及随层网的安装宽度，推荐3.0m宽的平网安装后其水平投影宽度约为2.5m，可在斜支撑杆上设置水平拉杆，以控制支撑斜杆的角度计网面的松弛度。

（12）当密目式安全网安装在脚手架临边侧作封闭防护时，密目式安全立网应挂设在脚手架的内侧，网的边绳必须与下部脚手架纵向水平杆贴紧，与下部脚手架纵向水平杆的间隙不得超过100mm。在水平方向上，网与网之间的连接必须紧密，不得留有缝隙。

（13）多张网连接使用时，两张网相邻部分应靠紧或重叠，并用与网体材料相同的连接绳连续地锁紧，不得漏锁或形成漏洞。

2. 坡道搭设

（1）脚手架运料坡道宽度不得小于1.5m，坡道坡度以1：6(高：长)为宜。人行坡道的宽度不得小于1m，坡道坡度不得大于1：3.5。

（2）立杆、纵向水平杆间距应与结构脚手架相适应，单独坡道的立杆、纵向水平杆间距不得超过1.5m。横向水平杆间距不得大于1m，坡道宽度大于2m时，横向水平杆中间应加吊杆，并每隔1根立杆在吊杆下加绑托和八字戗。

（3）脚手板应铺严、铺牢。对头搭接时板端部分应用双向水平杆。搭接板的板端应搭过横向水平杆200mm，并用三角木填顺板头凸棱。斜坡道的脚手板应钉防滑条，防滑条厚度30mm，间距不得大于300mm。

（4）之字坡道的转弯处应搭设平台，平台面积应根据施工需要，但宽度不得小于1.5m。平台应绑剪刀撑或八字戗。

（5）坡道及平台必须绑两道护身栏杆和180mm高度的挡脚板。

第五章

钢筋混凝土工程安全文明施工

第一节　钢筋工程施工安全文明操作

一、钢筋加工安全文明操作

1. 钢筋加工安全文明操作要点

（1）钢筋宜采用无延伸的机械设备进行调直，也可采用冷拉方法调直（图5-1）。

> 当采用冷拉方法调直时，HPB300光圆钢筋的冷拉率不宜大于4%；HRB335、HRB400、HRB500、HRBF335、HRBF400、HRBF500及RRB带肋钢筋的冷拉率不宜大于1%。

图5-1　钢筋冷拉调直

（2）受力钢筋（图5-2）的弯钩和弯折的规定：HPB300级钢筋末端应做180°弯钩，其弯弧内直径不应小于钢筋直径的2.5倍，弯钩的弯后平直部分长度不应小于钢筋直径的3倍。

当设计要求钢筋末端需做135°弯钩时，HRB335级、HRB400级钢筋的弯弧内直径不应小于钢筋直径的4倍，弯钩的弯平直部分长度应符合设计要求。

图5-2 受力板筋加工

2. 钢筋加工安全文明操作常用数据

（1）钢筋加工的形状、尺寸应符合设计要求，其偏差应符合表5-1的规定。

表5-1 钢筋加工的允许偏差

项目	允许偏差/mm
受力钢筋顺长度方向全长的净尺寸	±10
弯起钢筋的弯折位置	±20
箍筋内净尺寸	±5

（2）钢筋调直后应进行力学性能和重量偏差的检验，其强度应符合有关标准的规定。盘卷钢筋和直条钢筋调直后的伸长率、重量偏差应符合表5-2的规定。

表5-2　钢筋调直后的断后伸长率、重量负偏差规定

钢筋牌号	断后伸长率A/%	单位长度重量偏差/%		
		直径6~12mm	直径14~20mm	直径22~50mm
HPB300	≥21	≤10	—	—
HRB335、HRBF335	≥16	≤8	≤6	≤5
HRB400、HRBF400	≥15	≤8	≤6	≤5
RRB400	≥13	≤8	≤6	≤5
HRB500、HRBF500	≥14	≤8	≤6	≤5

二、钢筋连接安全文明操作

1. 钢筋连接安全文明操作要点

（1）钢筋采用电弧焊连接

焊接接头区域不得有肉眼可见的裂纹，坡口焊、熔槽帮条焊和窄间隙焊接头的焊缝余高不得大于3mm（图5-3）。

焊缝表面应平整，不得有凹陷或焊瘤。

图5-3　钢筋电弧焊连接不合格

（2）钢筋采用气压焊连接

接头处的轴线偏移不得大于钢筋直径的0.15倍，且不得大于4mm，如图5-4所示；当不同直径钢筋焊接时，应按较小钢筋直径计

算；当大于上述规定值，但在钢筋直径的0.3倍以下时，可加热矫正；当大于钢筋直径的0.3倍时，应切除重焊。

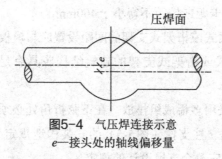

压焊面

图5-4 气压焊连接示意
e—接头处的轴线偏移量

2. 钢筋连接安全文明操作常用数据

（1）电弧焊连接。钢筋与钢板搭接焊时，HPB300钢筋的搭接长度L不得小于4倍钢筋直径。HRB335和HRB400钢筋的搭接长度L不得小于5倍钢筋直径，焊缝宽度b不得小于钢筋直径的0.6倍，焊缝厚度S不得小于钢筋直径的0.35倍。

（2）气压焊连接。接头部位两钢筋轴线不在同一直线上时，其弯折角不得大于4°。当超过限量时，应重新加热矫正。

（3）镦粗区最大直径应为钢筋公称直径的1.4～1.6倍，长度应为钢筋公称直径的0.9～1.2倍，且凸起部分平缓圆滑。

（4）镦粗区最大直径处应为压焊面。若有偏移，其最大偏移量不得大于钢筋公称直径的0.2倍。

第二节 模板工程施工安全文明操作

一、支架立柱安装施工安全文明操作

1. 支架立柱安装施工安全文明操作要点

（1）梁式或桁架式支架的安装构造应符合的规定

① 采用伸缩式桁架时，其搭接长度不得小于500mm，上下弦连接销钉规格、数量应按设计规定，并应采用不少于两个U形卡或钢销钉销紧，两U形卡距或销距不得小于400mm。

② 安装的梁式或桁架式支架的间距设置应与模板设计图一致。

③ 支承梁式或桁架式支架的建筑结构应具有足够强度，否则，应另设立柱支撑。

④ 若桁架采用多榀成组排放，在下弦折角处必须加设水平撑。

（2）工具式立柱支撑（图5-5）的安装构造规定　工具式钢管单立柱支撑的间距应符合支撑设计的规定。

立柱不得接长使用；所有夹具、螺栓、销子和其他配件应处在闭合或拧紧的位置。

图5-5　工具式立柱支撑

（3）木立柱支撑的安装构造应符合的规定

① 木立柱宜选用整料，当不能满足要求时，立柱的接头不宜超过1个，并应采用对接夹板接头方式。木立柱底部与垫木（图5-6）之间应设置硬木对角楔调整标高，并应用铁钉将其固定于垫木上。

② 木立柱间距、扫地杆、水平拉杆剪刀撑的设置应符合规范的规定，严禁使用板皮替代规定的拉杆。

③ 所有单立柱支撑应位于底垫木和梁底模板的中心，并应与底部垫木和顶部梁底模板紧密接触，且不得承受偏心荷载。

立柱底部可采用垫块垫高，但不得采用单码砖垫高，垫高高度不得超过300mm。

图5-6　木立柱底部安放垫木

④ 当仅为单排立柱时，应于单排立柱的两边每隔3m加设斜支撑（图5-7），且每边不得少于两根。

斜支撑与地面的夹角应为60°。

图5-7　加设斜撑

（4）当采用扣件式钢管作立柱支撑时，其安装构造应符合的规定

① 钢管规格、间距、扣件应符合设计要求。每根立柱底部应设置底座及垫板，垫板厚度不得小于50mm。

② 钢管支架立柱间距、扫地杆、水平拉杆、剪刀撑的设置应符合规范的规定。当立柱底部不在同一高度时，高处的纵向扫地杆应向

低处延长不少于两跨，高低差不得大于1m，立柱距边坡上方边缘不得小于0.5m。

③ 立柱接长严禁搭接，必须采用对接扣件连接，相邻两立柱的对接接头不得在同步内，且对接接头沿竖向错开的距离不宜小于500mm，各接头中心距主节点不宜大于步距的1/3。

④ 满堂模板和共享空间模板支架立柱，在外侧周圈应设由下至上的竖向连续式剪刀撑；中间在纵横向应每隔10m左右设由下至上的竖向连续式的剪刀撑，其宽度宜为4～6m，并在剪刀撑部位的顶部、扫地杆处设置水平剪刀撑。剪刀撑杆件的底端应与地面顶紧，夹角宜为45°～60°。当建筑层高在8～20m时，除应满足上述规定外，还应在纵横向相邻的两竖向连续式剪刀撑之间增加之字形斜撑，在有水平剪刀撑的部位，应在每个剪刀撑中间处增加一道水平剪刀撑。当建筑层高超过20m时，在满足以上规定的基础上，应将所有之字形斜撑全部改为连续式剪刀撑。

⑤ 当支架立柱高度超过5m时，应在立柱周圈外侧和中间有结构柱的部位，按水平间距6～9m、竖向间距2～3m与建筑结构设置一个固结点。

（5）当采用碗扣式钢管脚手架作立柱支撑（图5-8）时，其安装构造的规定　立杆底座应采用大钉固定于垫木上；立杆立一层，即将斜撑对称安装牢固，不得漏加，也不得随意拆除。

（6）当采用标准门架作支撑时，其安装构造应符合的规定

① 门架（图5-9）的跨距和间距应按设计规定布置，间距宜小于1.2m；支撑架底部垫木上应设固定底座或可调底座。门架、调节架及可调底座，其高度应按其支撑的高度确定。

② 门架支撑可沿梁轴线垂直和平行布置。当垂直布置时，在两门架间的两侧应设置交叉支撑；当平行布置时，在两门架间的两侧亦应设置交叉支撑，交叉支撑应与立杆上的锁销锁牢，上下门架的组装连接必须设置连接棒及锁臂。

立杆应采用长1.8m和3.0m的立杆错开布置，严禁将接头布置在同一水平高度。

横向水平杆应双向设置，间距不得超过1.8m。

图5-8　碗扣式立柱支撑安装

当门架支撑宽度为4跨及以上或5个间距及以上时，应在周边底层、顶层、中间每5列、5排于每门架立杆跟部设Φ48mm×3.5mm通长水平加固杆，并应采用扣件与门架立杆扣牢。

图5-9　门架

③ 门架支撑高度超过8m时，剪刀撑不应大于4个间距，并应采用扣件与门架立杆扣牢。

2. 支架立柱安装施工安全文明操作施工总结

（1）在立柱底距地面200mm高处，沿纵横水平方向应按纵下横上的程序设扫地杆。可调支托底部的立柱顶端应沿纵横向设置一道水平拉杆。扫地杆与顶部水平拉杆之间的间距，在满足模板设计所确定的水平拉杆步距要求条件下，进行平均分配确定步距后，在每一步距处纵横向应各设一道水平拉杆。当层高在8～20m时，在最顶步距两水平拉杆中间应加设一道水平拉杆；当层高大于20m时，在最顶两步距水平拉杆中间应分别增加一道水平拉杆。所有水平拉杆的端部均应与四周建筑物顶紧顶牢。无处可顶时，应于水平拉杆端部和中部沿竖向设置连续式剪刀撑。

（2）木立柱的扫地杆、水平拉杆、剪刀撑应采用40mm×50mm木条或25mm×80mm的木板条与木立柱钉牢。钢管立柱的扫地杆、水平拉杆、剪刀撑应采用Φ48mm×3.5mm钢管，用扣件与钢管立柱扣牢。木扫地杆、水平拉杆、剪刀撑应采用搭接，并应用铁钉钉牢。钢管扫地杆、水平拉杆应采用对接，剪刀撑应采用搭接，搭接长度不得小于500mm，用两个旋转扣件分别在离杆端不小于100mm处进行固定。

二、普通模板安装施工安全文明操作

1. 普通模板安装施工安全文明操作要点

（1）基础及地下工程模板应符合的规定

① 地面以下支模应先检查土壁的稳定情况，当有裂纹及塌方危险迹象时，应采取安全防范措施后，方可下人作业。当深度超过2m时，操作人员应设梯上下。

② 距基槽（坑）上口边缘1m内不得堆放模板（图5-10）。向基槽（坑）内运料应使用起重机、溜槽或绳索；运下的模板严禁立放于基槽（坑）土壁上。

③ 在有斜支撑的位置，应于两侧模间采用水平撑连成整体。

（2）柱模板应符合的规定

① 现场拼装柱模时，应适时地安设临时支撑进行固定，斜撑与地面的倾角宜为60°，严禁将大片模板系于柱子钢筋上。

② 待四片柱模就位组拼经对角线校正无误后，应立即自下而上安装柱箍。

斜支撑与侧模的夹角不应小于45°，支于土壁的斜支撑应加设垫板，底部的对角楔木应与斜支撑连牢。高大长脖基础若采用分层支模时，其下层模板应经就位校正并支撑稳固后，方可进行上一层模板的安装。

图5-10　基础模板

③ 若为整体预组合柱模，吊装时应采用卡环和柱模连接，不得用钢筋钩代替。

④ 柱模校正（图5-11）后，应采用斜撑或水平撑进行四周支撑，以确保整体稳定。

当高度超过4m时，应群体或成列同时支模，并应将支撑连成一体，形成整体框架体系。当需单根支模时，柱宽大于500mm应每边在同一标高上设不得少于两根斜撑或水平撑。斜撑与地面的夹角宜为45°～60°，下端尚应有防滑移的措施。

图5-11　柱模安装

⑤ 角柱模板的支撑，除满足上款要求外，还应在里侧设置能承受拉、压力的斜撑。

（3）墙模板应符合的规定

① 当用散拼定型模板支模时，应自下而上进行，必须在下一层模板全部紧固后，方可进行上一层安装。当下层不能独立安设支撑件时，应采取临时固定措施。

② 当采用预拼装的大块墙模板（图5-12）进行支模安装时，严禁同时起吊两块模板，并应边就位、边校正、边连接，固定后方可摘钩。

拼接时的U形卡应正反交替安装，间距不得大于300mm；两块模板对接接缝处的U形卡应满装。

对拉螺栓与墙模板应垂直，松紧应一致，墙厚尺寸应正确。

图5-12 墙模板安装

③ 安装电梯井内墙模前，必须于板底下200mm处牢固地满铺一层脚手板。

④ 模板未安装对拉螺栓前，板面应向后倾一定的角度。安装过程应随时拆换支撑或增加支撑。

⑤ 当钢楞长度需接长时，接头处应增加相同数量和不小于原规格的钢楞，其搭接长度不得小于墙模板宽或高的15%～20%。

⑥ 墙模板内外支撑必须坚固、可靠，应确保模板的整体稳定。当墙模板外面无法设置支撑时，应于里面设置能承受拉和压的支撑。多排并列且间距不大的墙模板，当其支撑互成一体时，应有防止浇筑混凝土时引起临近模板变形的措施。

（4）独立梁和整体楼盖梁结构模板应符合的规定

① 安装独立梁模板（图5-13）时应设安全操作平台，并严禁操作人员站在独立梁底模或柱模支架上操作及上下通行。

底模与横楞应拉结好，横楞与支架、立柱应连接牢固。

安装梁侧模时，应边安装边与底模连接，当侧模高度多于两块时，应采取临时固定措施。

图5-13 梁模板安装

② 起拱应在侧模内外楞连固前进行。

③ 单片预组合梁模，钢楞与板面的拉结应按设计规定制作，并应按设计吊点试吊无误后方可正式吊运安装，侧模与支架支撑稳定后方准摘钩。

（5）楼板或平台板模板应符合的规定

① 当预组合模板采用桁架支模时，桁架与支点的连接应固定牢靠，桁架支承应采用平直通长的型钢或木方。

② 当预组合模板块较大时，应加钢楞后方可吊运。当组合模板为错缝拼配时，板下横楞应均匀布置，并应在模板端穿插销。

③ 单块模就位安装，必须待支架搭设稳固、板下横楞与支架连接牢固后进行。

（6）其他结构模板应符合的规定

① 安装圈梁、阳台、雨篷及挑檐等模板时，其支撑应独立设置，不得支搭在施工脚手架上。

② 安装悬挑结构模板时，应搭设脚手架或悬挑工作台，并应设

置防护栏杆和安全网。作业处的下方不得有人通行或停留。

③ 烟囱、水塔及其他高大构筑物的模板，应编制专项施工设计和安全技术措施，并应向操作人员进行详细交底后方可安装。

2. 普通模板安装安全文明操作施工总结

（1）作业前应检查绳索、卡具、模板上的吊环，必须完整有效，在升降过程中应设专人指挥，统一信号，密切配合。

（2）吊运大块或整体模板时，竖向吊运不应少于两个吊点，水平吊运不应少于四个吊点。吊运必须使用卡环连接，并应稳起稳落，待模板就位连接牢固后，方可摘除卡环。

（3）吊运散装模板时，必须码放整齐，待捆绑牢固后方可起吊。

（4）严禁起重机在架空输电线路下面工作。

（5）5级风及其以上应停止一切吊运作业。

三、爬升模板安装施工安全文明操作

1. 爬升模板安装施工安全文明操作要点

（1）进入施工现场的爬升模板系统中的大模板、爬升支架、爬升设备、脚手架及附件等，应按施工组织设计及有关图纸验收，合格后方可使用。

（2）爬升模板安装时，应统一指挥，设置警戒区与通信设施，做好原始记录，并应遵守下列规定：

① 检查工程结构上预埋螺栓孔的直径和位置应符合图纸要求；

② 爬升模板的安装顺序应为底座、立柱、爬升设备、大模板、模板外侧吊脚手。

（3）施工过程中爬升大模板及支架时应遵守的规定

① 爬升前（图5-14），应检查爬升设备的位置、牢固程度、吊钩及连接杆件等，确认无误后，拆除相邻大模板及脚手架间的连接杆

件，使各个爬升模板单元彻底分开。

爬升时，应先收紧千斤钢丝绳，吊住大模板或支架，然后拆卸穿墙螺栓，并检查再无任何连接，卡环和安全钩无问题，调整好大模板或支架的重心，保持垂直，开始爬升。作业人员应站在固定件上，不得站在爬升件上爬升，爬升过程中应防止晃动与扭转。

图5-14 爬升模板安装

② 每个单元的爬升不宜中途交接班，不得隔夜再继续爬升。每单元爬升完毕应及时固定。

③ 大模板爬升时，新浇混凝土的强度不应低于达到$1.2N/mm^2$。支架爬升时的附墙架穿墙螺栓受力处的新浇混凝土强度应达到$10N/mm^2$以上。

④ 爬升设备每次使用前均应检查，液压设备应由专人操作。

（4）脚手架上不应堆放材料，脚手架上的垃圾应及时清除。如需临时堆放少量材料或机具，必须及时取走，且不得超过设计荷载的规定。所有螺栓孔均应安装螺栓，螺栓应采用$50 \sim 60N \cdot m$的扭矩紧固。

2. 爬升模板安装施工安全文明操作施工总结

（1）作业人员应背工具袋，以便存放工具和拆下的零件，防止物件跌落，且严禁从高空向下抛物。

（2）每次爬升组合安装好的爬升模板、金属件应涂刷防锈漆，板面应涂刷脱模剂。

（3）爬模的外附脚手架或悬挂脚手架应满铺脚手板，脚手架外侧应设防护栏杆和安全网。爬架底部亦应满铺脚手板和设置安全网。

（4）每步脚手架间应设置爬梯，作业人员应由爬梯上下，进入爬架应在爬架内上下，严禁攀爬模板、脚手架和爬架外侧。

四、支架立柱拆除施工安全文明操作

1. 支架立柱拆除施工安全文明操作要点

（1）当拆除钢楞（图5-15）、木楞、钢桁架时，应在其下面临时搭设防护支架，使所拆楞梁及桁架先落于临时防护支架上。

当立柱的水平拉杆超出两层时，应首先拆除两层以上的拉杆。当拆除最后一道水平拉杆时，应和拆除立柱同时进行。

图5-15　立柱钢楞

（2）当拆除4～8m跨度的梁下立柱时，应先从跨中开始，对称地分别向两端拆除。拆除时，严禁采用连梁底板向旁侧一片拉倒的拆除方法。

2. 支架立柱拆除施工安全文明操作施工总结

（1）对于多层楼板模板的立柱，当上层及以上楼板正在浇筑混凝土时，下层楼板立柱的拆除，应根据下层楼板结构混凝土强度的实际情况，经过计算确定。

（2）拆除平台、楼板下的立柱时，作业人员应站在安全处拉拆。

（3）对已拆下的钢楞、木楞、桁架、立柱及其他零配件应及时运到指定地点。对有芯钢管立柱运出前应先将芯管抽出或用销卡固定。

五、普通模板拆除施工安全文明操作

1. 普通模板拆除施工安全文明操作要点

（1）拆除条形基础、杯形基础、独立基础或设备基础的模板（图5-16）时，应遵守下列规定。

模板和支撑杆件等应随拆随运，不得在离槽（坑）上口边缘1m以内堆放。

图5-16 基础模板拆除

① 拆除前应先检查基槽（坑）土壁的安全状况，发现有松软、龟裂等不安全因素时，应在采取安全防范措施后方可进行作业。

② 拆除模板时，施工人员必须站在安全地方。应先拆内外木楞、再拆木面板；钢模板应先拆钩头螺栓和内外钢楞，后拆U形卡和L形插销，拆下的钢模板应妥善传递或用绳钩放置地面，不得抛掷。拆下的小型零配件应装入工具袋内或小型箱笼内，不得随处乱扔。

（2）拆除柱模应遵守的规定

① 柱模拆除应分别采用分散拆除和分片拆除两种方法。

a. 分散拆除的顺序应为：

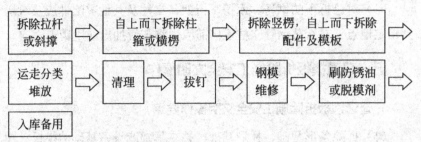

拆除拉杆或斜撑 ⇨ 自上而下拆除柱箍或横楞 ⇨ 拆除竖楞，自上而下拆除配件及模板 ⇨

运走分类堆放 ⇨ 清理 ⇨ 拔钉 ⇨ 钢模维修 ⇨ 刷防锈油或脱模剂 ⇨

入库备用

b. 分片拆除的顺序应为：

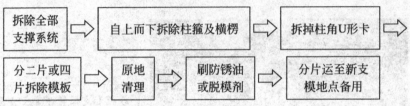

拆除全部支撑系统 ⇨ 自上而下拆除柱箍及横楞 ⇨ 拆掉柱角U形卡 ⇨

分二片或四片拆除模板 ⇨ 原地清理 ⇨ 刷防锈油或脱模剂 ⇨ 分片运至新支模地点备用

② 柱子拆下的模板及配件不得向地面抛掷。

（3）拆除墙模的规定

① 墙模分散拆除顺序应为：

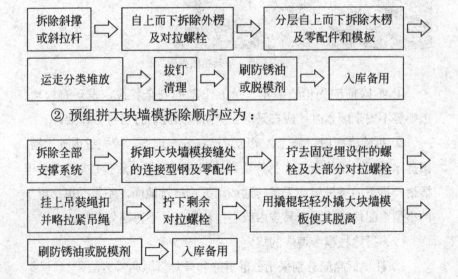

拆除斜撑或斜拉杆 ⇨ 自上而下拆除外楞及对拉螺栓 ⇨ 分层自上而下拆除木楞及零配件和模板 ⇨

运走分类堆放 ⇨ 拔钉清理 ⇨ 刷防锈油或脱模剂 ⇨ 入库备用

② 预组拼大块墙模拆除顺序应为：

拆除全部支撑系统 ⇨ 拆卸大块墙模接缝处的连接型钢及零配件 ⇨ 拧去固定埋设件的螺栓及大部分对拉螺栓 ⇨

挂上吊装绳扣并略拉紧吊绳 ⇨ 拧下剩余对拉螺栓 ⇨ 用撬棍轻轻外撬大块墙模板使其脱离 ⇨

刷防锈油或脱模剂 ⇨ 入库备用

③ 拆除每一大块墙模（图5-17）的最后两个对拉螺栓后，作业人员应撤离大模板下侧，以后的操作均应在上部进行。个别大块模板拆除后产生局部变形者应及时整修好。

模板拆除后，大块模板起吊时，速度要慢，应保持垂直，严禁模板碰撞墙体。

图5-17　墙模拆装

（4）拆除梁、板模板应遵守的规定

① 梁、板模板（图5-18）应先拆梁侧模，再拆板底模，最后拆除梁底模，并应分段分片进行，严禁成片撬落或成片拉拆。

拆除模板时，严禁用铁棍或铁锤乱砸，已拆下的模板应妥善传递或用绳钩放至地面。
严禁作业人员站在悬臂结构边缘敲拆下面的底模。

图5-18　梁模板拆除

② 拆除时，作业人员应站在安全的地方进行操作，严禁站在已拆或松动的模板上进行拆除作业。

③ 待分片、分段的模板全部拆除后，方允许将模板、支架、零配件等按指定地点运出堆放，并进行拔钉、清理、整修、刷防锈油或脱模剂，入库备用。

2. 普通模板拆除施工安全文明操作施工总结

（1）大体积混凝土的拆模时间除应满足混凝土强度要求外，还应使混凝土内外温差降低到25℃以下时方可拆模。否则应采取有效措施防止产生温度裂缝。

（2）后张预应力混凝土结构的侧模宜在施加预应力前拆除，底模应在施加预应力后拆除。设计有规定时，应按规定执行。

（3）拆模前应检查所使用的工具应有效和可靠，扳手等工具必须装入工具袋或系挂在身上，并应检查拆模场所范围内的安全措施。

（4）模板的拆除工作应设专人指挥。作业区应设围栏，其内不得有其他工种作业，并应设专人负责监护。拆下的模板、零配件严禁抛掷。

（5）拆模的顺序和方法应按模板的设计规定进行。当设计无规定时，可采取先支的后拆、后支的先拆、先拆非承重模板、后拆承重模板，并应从上而下进行拆除。拆下的模板不得抛扔，应按指定地点堆放。

（6）高处拆除模板时，应遵守有关高处作业的规定。严禁使用大锤和撬棍，操作层上临时拆下的模板堆放不能超过3层。

六、爬升模板拆除施工安全文明操作

1. 爬升模板拆除施工安全文明操作要点

（1）拆除爬模应有拆除方案，且应由技术负责人签署意见，拆除前应向有关人员进行安全技术交底后，方可实施。

（2）拆除时应先清除脚手架上的垃圾杂物，并应设置警戒区由专人监护。

（3）拆除时应设专人指挥，严禁交叉作业。拆除顺序应为：

悬挂脚手架和模板　　爬升设备　　爬升支架

（4）已拆除的物件应及时清理、整修和保养，并运至指定地点备用。

（5）遇五级以上大风应停止拆除作业。

2. 爬升模板拆除施工安全文明操作施工总结

（1）在提前拆除互相搭接并涉及其他后拆模板的支撑时，应补设临时支撑。拆模时，应逐块拆卸，不得成片撬落或拉倒。

（2）拆模如遇中途停歇，应将已拆松动、悬空、浮吊的模板或支架进行临时支撑牢固或相互连接稳固。对活动部件必须一次拆除。

（3）已拆除了模板的结构，应在混凝土强度达到设计强度值后方可承受全部设计荷载。若在未达到设计强度以前，需在结构上加置施工荷载时，应另行核算，强度不足时，应加设临时支撑。

第三节　混凝土工程施工安全文明操作

一、混凝土运输安全文明操作

1. 混凝土运输安全文明操作要点

（1）从搅拌机鼓筒卸出来的混凝土拌合料是介于固体与液体之间的弹塑性物体，极易产生分层离析，且受初凝时间限制和施工和易性要求，对混凝土在运输过程中应予以重视。

（2）运送混凝土宜采用搅拌运输车（图5-19），如果运距不远，也可采用翻斗车，运量少时也可采用手推车。运送的容器应严密，其内壁应平整光洁。黏附的混凝土残渣应经常清除。冬期施工，混凝土罐车必须有保温措施，防止混凝土热量散失。

混凝土在运输后如发现离析，必须进行二次搅拌。当坍落度损失后不满足施工要求时，应加入原水胶比的水泥砂浆或二次加入减水剂进行搅拌，且事先应经试验验证，严禁直接加水。

图5-19 混凝土运输车运输混凝土

（3）混凝土在装入容器前应先用水将容器湿润，气候炎热时应覆盖，以防水分蒸发。冬期施工时，在寒冷地区应采取保温措施，以防在运输途中冻结。

（4）混凝土运输必须保证其浇筑过程能连续进行。若因故停歇过久，混凝土已初凝时，应作废料处理，不得再用于工程中。

2. 混凝土运输安全文明操作施工总结

（1）混凝土垂直运输自由落差高度以不小于2m为宜，超过2m时应采取缓降措施。

（2）混凝土要以最少的转运次数、最短的运输时间从搅拌地点运至浇筑地点。

（3）混凝土运至浇筑地点，如出现离析或初凝现象，必须在浇筑前进行二次搅拌后方可入模。

（4）同时运输两种以上混凝土时，应在运输设备上设置标志，以免混淆。

二、混凝土浇筑安全文明操作

1. 混凝土浇筑安全文明操作要点

（1）混凝土浇筑前，应根据工程结构特点、平面形状和几何尺寸、混凝土供应和泵送设备能力、劳动力和管理能力，以及周围场地大小等条件，预先划分好混凝土浇筑区域。

（2）混凝土的安全文明浇筑顺序

①　当采用输送管输送混凝土时，应由远及近浇筑；同一区域的混凝土，应按先竖向结构后水平结构的顺序分层连续浇筑（图5-20）。

混凝土的分层厚度宜为300～500mm。水平结构的混凝土绕筑厚度超过500mm时，按（1：6）～（1：10）坡度分层浇筑，且上层混凝土应超前覆盖下层混凝土500mm以上。

图5-20　混凝土分层浇筑

②　当不允许留施工缝时，区域之间、上下层之间的混凝土浇筑间歇时间不得超过混凝土初凝时间。

③　当下层混凝土初凝后浇筑上层混凝土时，应先按留预留施工缝的有关规定处理后再开始浇筑。

（3）混凝土的布料方法应符合下列规定：在浇筑竖向结构混凝土时，布料设备的出口离模板内侧面不应小于50mm，且不得向模板内侧面直冲布料，也不得直冲钢筋骨架；浇筑水平结构混凝土时，不得在同一处连续布料，应在2～3m范围内水平移动布料，且宜垂直于模板布料。

（4）振捣泵送混凝土时，振动棒移动间距宜为400mm左右，振捣时间宜为 15 ～ 30s，隔 20 ～ 30min 后进行第二次复振。

（5）水平结构的混凝土表面，适时用木抹子抹平搓毛两遍以上。必要时先用铁滚筒压两遍以上，防止产生收缩裂缝。

2. 混凝土浇筑安全文明操作施工总结

（1）浇筑高度 2m 以上的框架梁、柱混凝土应搭设操作平台，不得站在模板或支撑上操作。不得直接在钢筋上踩踏、行走。

（2）浇筑拱形结构，应自两边拱脚对称同时进行。浇筑圈梁、雨篷（图 5-21）、阳台应设置安全防护设施。

混凝土振捣器使用前必须经电工检验确认合格后方可使用。开关箱内必须装设漏电保护器，插座插头应完好无损，电源线不得破皮漏电。操作者必须穿绝缘鞋（胶鞋），戴绝缘手套。

图 5-21 浇筑雨篷

（3）使用输送泵输送混凝土时，应由两人以上人员牵引布料杆。管道接头、安全阀、管架等必须安装牢固，输送前应试送，检修时必须卸压。

（4）预应力灌浆应严格按照规定压力进行，输浆管道应畅通，阀门接头应严密牢固。

三、混凝土养护安全文明操作

1. 混凝土养护安全文明操作要点

（1）混凝土浇筑后应及时进行保湿养护，保湿养护可采用洒水、覆盖（图5-22）、喷涂养护剂等方式。选择养护方式应考虑现场条件，环境温、湿度，构件特点，技术要求，施工操作等因素。

覆盖养护宜在混凝土裸露表面覆盖塑料薄膜、塑料薄膜加麻袋、塑料薄膜加草帘；塑料薄膜应紧贴混凝土裸露表面，塑料薄膜内应保持有凝结水；覆盖物应严密，覆盖物的层数应按施工方案确定。

图5-22 混凝土覆盖养护

（2）混凝土的养护时间规定：采用硅酸盐水泥、普通硅酸盐水泥或矿渣硅酸盐水泥配制的混凝土，不应少于7d；采用其他品种水泥时，养护时间应根据水泥性能确定；采用缓凝型外加剂、大掺量矿物掺合料配制的混凝土，不应少于14d；抗渗混凝土、强度等级C60及以上的混凝土，不应少于14d；后浇带混凝土的养护时间不应少于14d。

（3）洒水养护安全文明操作应符合的规定

① 洒水养护（图5-23）宜在混凝土裸露表面覆盖麻袋或草帘后进行，也可采用直接洒水、蓄水等养护方式；洒水养护应保证混凝土处于湿润状态。

② 当日最低温度低于5℃时，不应采用洒水养护。

（4）喷涂养护剂养护安全文明操作应符合的规定

① 应在混凝土裸露表面喷涂覆盖致密的养护剂进行养护。

② 养护剂应均匀喷涂在结构构件表面，不得漏喷；养护剂应具有可靠的保湿效果，保湿效果可通过试验检验。

图5-23　混凝土洒水养护

③ 养护剂使用方法应符合产品说明书的有关要求。

（5）柱、墙混凝土养护安全文明操作应符合的规定

① 地下室底层和上部结构首层柱、墙混凝土带模养护时间不宜少于3d；带模养护结束后可采用洒水养护方式继续养护，必要时也可采用覆盖养护或喷涂养护剂养护方式继续养护。

② 其他部位柱、墙混凝土可采用洒水养护，必要时也可采用覆盖养护或喷涂养护剂养护。

2. 混凝土养护安全文明操作施工总结

（1）混凝土强度达到1.2N/mm^{2}前，不得在其上踩踏、堆放荷载、安装模板及支架。

（2）施工现场应具备混凝土标准试件制作条件，并应设置标准试件养护室（图5-24）或养护箱。

（3）用软管浇水养护时，应将水管接头连接牢固，移动皮管不得猛拽，不得倒行拉移皮管。

（4）蒸汽养护操作和冬施测温人员，不得在混凝土养护坑（池）边沿站立和行走，应注意脚下孔洞与磕绊物等。

图5-24 施工现场标准试件养护室

第六章

砌筑工程安全文明施工

第一节 砌筑砂浆及砌块砌体施工安全文明操作

一、砌筑砂浆配置安全文明操作

砂浆（图6-1）是由胶凝材料、细骨料和水等材料按适当比例配

置而成的，可分为水泥砂浆、石灰砂浆、混合砂浆。砂浆配合比设计方法的原则与混凝土相同，只是以稠度指标代替混凝土拌合物的坍落度指标，同时不需选择砂率。

图6-1 施工现场配置砂浆

1. 常用砂浆的种类

（1）水泥砂浆

水泥、砂子和水的混合物为水泥砂浆。

（2）石灰砂浆

石灰砂浆是由石灰、砂和水组成的拌合物。

（3）混合砂浆

砂浆与水泥、石灰按一定比例配制的混合物为混合砂浆。

2. 砌筑砂浆配置安全文明操作要点

（1）砂浆配合比设计的方法

有试验配比法、经验图表法和试验计算法。

（2）首先确定砂浆的配比强度

当用于工程量大或质量要求高的建筑物时，砂浆配合比应通过试验加以选择，具体步骤如下。

① 确定满足施工要求的砂浆拌合物的稠度。

② 选择几组不同灰砂比的砂浆，如水泥∶砂为1∶2、1∶3、1∶4、1∶5、1∶6.5、1∶8。

③ 对每个灰砂比的砂浆进行搅拌，确定出达到规定稠度所需的单位用水量，并测出其密度和其他技术指标。

④ 将试拌后稠度满足要求的各种砂浆制备试件（图6-2），标准养护至规定龄期，测定其强度和其他规定的技术指标，根据试拌和强度试验的结果得出灰砂比与强度、单位用水量、密度之间的关系曲线，从关系曲线求出符合强度要求的灰砂比、单位用水量及密度。应当注意，强度应比设计要求提高10% ～ 15%。

砂浆试件的制作方法：捣棒采用钢制，直径12mm，长250mm，一端为弹头形。试模分有底和无底的，内壁边长为70mm的立方体金属试模。当用于密实基底的砂浆，采用带底试模，砂井分两层浇入试模，每层厚约4cm。

图6-2　现场制作砂浆试件

3. 砌筑砂浆配置安全文明操作常用数据

当用于小型工地或工程量不大的情况，砂浆配合比可按图表法选择，施工时根据稠度需要控制好单位用水量，砂浆配合比参考值见表6-1。

表6-1　砂浆配合比参考值

砂浆强度/MPa	水泥/（kg/m³）	灰砂比
5.0	250	1：8.0
7.5	290	1：7.0
10	320	1：6.0
15	390	1：5.0

4. 砌筑砂浆配置安全文明操作施工总结

（1）落地砂浆应及时回收，回收时不得夹有杂物，并应及时运至拌和地点，掺入新砂浆中拌和使用。

（2）现场建立健全安全环保责任制度、技术交底制度、检查制度等各项管理制度。现场各施工面安全防护设施齐全有效，个人防护用品使用正确。

二、砌块砌体施工安全文明操作

1. 砌块砌体施工安全文明操作主要步骤

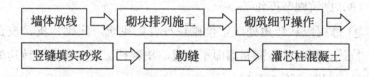

2. 砌块砌体施工安全文明操作要点

（1）墙体放线（图6-3）

砌体施工前，应将基础面或楼层结构面按标高找平，依据砌筑图放出一皮砌块的轴线、砌体边线和洞口线。

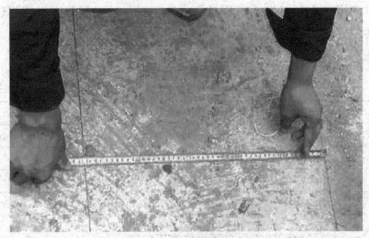

图6-3　墙体砌筑前放线

（2）砌块排列施工

① 小型空心砌块在砌筑前，应根据工程设计施工图，结合砌块的品种、规格，绘制砌体砌块的排列图。围护结构或二次结构，应预先设计好地导墙、混凝土带、接顶方法等，经审核无误后，按图排列砌块。外墙转角及纵横墙交接处，应将砌块分皮咬槎，交错搭砌，如果不能咬槎时，按设计要求采取其他的构造措施。

② 小砌块墙（图6-4）内不得混砌其他墙体材料。镶砌时，应采用与小砌块材料强度同等级的预制混凝土块。

（3）砌筑细节操作

① 每层应从转角处或定位砌块处开始砌筑，应砌一皮、校正一皮，拉线控制砌体标高和墙面平整度。皮数杆应竖立在墙的转角处和交接处，间距宜不小于15m。

② 在基础梁顶和楼面圈梁顶砌筑第一皮砌块时，应满铺砂浆。

③ 砌筑时，小砌块包括多排孔封底小砌块、带保温夹芯层的小

砌块均应底面朝上反砌于墙上。

施工洞口留设。洞口侧边交接处墙面不应小于500mm,洞口净宽度不应超过1m。洞口两侧应沿墙高每3皮砌块设2φ4拉结钢筋网片,锚入墙内的长度不小于1000mm。

图6-4 砌块墙排列施工

④ 小砌块墙体砌筑形式应每皮顺砌,上下皮应对孔错缝搭砌,竖缝应相互错开1/2主规格小砌块长度,搭接长度不应小于90mm。墙体的个别部位不能满足上述要求时,应在灰缝中设置拉结钢筋或4φ4钢筋点焊网片。

⑤ 墙体转角处和纵横墙交接处应同时砌筑。临时间断处应砌成斜槎,斜槎水平投影长度不应小于斜槎高度。严禁留直槎。

⑥ 置在水平灰缝内的钢筋网片和拉结筋应放置在小砌块的边肋上(水平墙梁、过梁钢筋应放在边肋内侧),且必须设置在水平灰缝的砂浆层中,不得有露筋现象。拉结筋的搭接长度不应小于$55d$,单面焊接长度不小于$10d$(d为钢筋直径)。

⑦ 砌筑小砌块的砂浆应随铺随砌,墙体灰缝(图6-5)应横平竖直。水平灰缝宜采用坐浆法满铺小砌块全部壁肋或多排孔小砌块的封底面;竖向灰缝应采取满铺端面法,即将小砌块端面朝上铺满砂浆,再上墙挤紧,然后加浆插捣密实。墙体的水平灰缝厚度和竖向灰缝宽度宜为10mm,但不应大于12mm,也不应小于5mm。

砌体水平灰缝的砂浆饱满度应按净面积计算，不得低于90%。

小砌块应采用双面碰头灰砌筑，竖向灰缝饱满度不得小于80%，不得出现瞎缝、透明缝。

图6-5　标准的墙体灰缝

（4）竖缝填实砂浆

每砌筑一皮，小砌块的竖凹槽部位应用砂浆填实。

（5）勒缝（图6-6）

混水墙面必须用原浆做勾缝处理。

缺灰处应补浆压实，并宜做成凹缝，凹进墙面2mm。清水墙宜用1：1水泥砂浆勾缝，凹进墙面深度一般为3mm。

图6-6　墙面勒缝操作

（6）灌芯柱混凝土

① 芯柱所有孔洞均应灌实混凝土（图6-7）。每层墙体砌筑完后，砌筑砂浆强度达到指纹硬化时方可浇筑芯柱混凝土；每一层的芯柱必须在一天内浇筑完毕。

浇筑芯柱混凝土时，应设专人检查记录芯柱混凝土强度等级、坍落度、混凝土的灌入量和振捣情况，确保混凝土密实。

芯柱位置处的每层楼板应留缺口或浇一条现浇板带。芯柱与圈梁或现浇板带应浇筑成整体。

图6-7　芯柱灌实混凝土

② 每个层高混凝土应分两次浇筑，浇筑到1.4m左右，采用钢筋插捣或振捣棒振捣密实，然后再继续浇筑，并插（振）捣密实。当过多的水被墙体吸收后应进行复振，但必须在混凝土初凝前进行。

③ 芯柱混凝土在预制楼盖处应贯通，采用设置现浇混凝土板带的方法或预制板预留缺口的方法，实施芯柱贯通，确保不削弱芯柱断面尺寸。

3. 砌块砌体施工安全文明操作施工总结

（1）作业层的周围必须进行封闭围护，同时设置防护栏及张挂安全网。

（2）楼层内的预留孔洞、电梯口、楼梯口等，必须进行防护，采取栏杆搭设的方法进行围护，预留洞口采取加盖的方法进行围护。

（3）吊装砌块和构件时应注意重心位置，禁止用起重拔杆拖运砌块，不得起吊有破裂、脱落、危险的砌块。

（4）起重拔杆回转时，严禁将砌块停留在操作人员上空或在空中整修、加工砌块。

（5）安装砌块时，不准站在墙上操作和在墙上设置受力支撑、缆绳等，在施工过程中，对稳定性较差的窗间墙，独立柱应加稳定支撑。

第二节　石砌体及填充墙砌体施工安全文明操作

一、石砌体施工安全文明操作

石砌体砌筑（图6-8）时，应经常检查校核墙体的轴线和边线，以保证墙体轴线准确，不发生位移；砌石应注意选石，石块大小搭配

> 砌筑方法采用坐浆法。砌前先试摆，使石料大小搭配，大面平放朝下，应利用自然形状经修理使其能与先砌毛石基本吻合，砌筑时先砌转角处、交接处和洞口处。逐块卧砌坐浆，使砂浆饱满，每皮高300～400mm。灰缝厚度一般控制在20mm，铺灰厚度为30～40mm。

图6-8　石砌体砌筑施工

均匀。砌筑时应严格防止出现不坐浆砌筑或先填心后填塞砂浆，或采取铺石灌浆法施工。

1. 石砌体砌筑施工安全文明操作要点

（1）砌筑时，避免出现通缝、干缝、空缝和孔洞，墙体中间不得有铲口石、斧刃石和过桥石，同时应注意合理摆放石块，以免出现承重后发生错位、劈裂外鼓等现象。

（2）在转角及两墙交接处应有较大和较规整的墩石相互搭砌，如不能同时砌筑，应留阶梯形斜槎，不得留直槎。

（3）毛石墙每日砌筑高度不得超过1.2m，正常气温下停歇4h后可继续垒砌。每砌3～4层应大致找平一次。砌至楼层高度时，应不时用平整的大石块压顶并用水泥砂浆全部找平。

（4）石墙面的勾缝（图6-9）。石墙面或柱面的勾缝形式有平缝、

勾缝砂浆宜采用1：1.5水泥砂浆。毛石墙面勾缝按下列程序进行：拆除墙面或柱向上临时装设的缆风绳、挂钩等物；清除墙面或柱向上黏结的砂浆、泥浆、杂物和污渍等；刷缝，即将灰缝刮深10～20mm，不整齐处加以修整；用水喷洒墙面或柱面，使其湿润，然后进行勾缝。

图6-9 石墙面勾缝

平凹缝、平凸缝、半圆凹缝、半圆凸缝、三角凸缝等，一般毛石墙面多采用平缝或平凸缝。

（5）勾缝线条应顺石缝进行，且均匀一致，深浅及厚度相同，压实抹光，搭接平整。阳角勾缝要两面方整。阴角勾缝不能上下直通。勾缝不得有丢缝、开裂或黏结不牢的现象。勾缝完毕应清扫墙面或柱面，早期应洒水养护。

2. 石砌体砌筑施工安全文明操作施工总结

（1）用锤打石时，应先检查铁锤有无破裂，锤柄是否牢固。打锤要按照石纹走向落锤，锤口要平，落锤要准，同时要看清附近情况有无危险然后落锤，以免伤人。

（2）不准在墙顶或脚手架上修改石材，以免振动墙体影响质量或石片掉下伤人。

（3）石块不得往下掷。运石上下时，脚手板要钉装牢固，并钉装防滑条及扶手栏杆。

（4）堆放材料必须离开槽、坑、沟边沿1m以外，堆放高度不得高于0.5m。往槽、坑、沟内运石料及其他物质时，应用溜槽或吊运，下方严禁有人停留。

（5）墙身砌体高度超过地坪1.2m以上时，应搭设脚手架。

二、填充墙砌体施工安全文明操作

填充墙砌筑（图6-10）多采用砖墙砌筑，其砌筑施工工艺标准适用于一般工业与民用建筑中砖混、外砖内模及有抗震构造柱的砖墙砌筑工程。

1. 填充墙砌体施工安全文明操作要点

填充墙砌体施工安全文明操作的步骤及要点见表6-2。

缝宽8~12mm，水平饱满度不小于80%。严禁用水冲灌缝；在墙上留置的临时施工洞口，其侧边离交接处的墙面不应小于500mm，洞口净宽度不应超过1m。留施工洞要设拉结筋；砌体相邻工作段的高度差不得超过一个楼层的高度，也不宜大于4m。

图6-10 填充墙砌筑施工

表6-2 填充墙砌体施工安全文明操作的步骤及要点

施工步骤	施工要点
抄平、放线	用M7.5水泥砂浆（$H<20$mm，H为砂浆厚度）或C10细石混凝土（$h\geqslant20$mm，h为细石混凝土厚度抄平，使各段墙面的底部标高在同一水平面上）
摆砖（摆脚）	在放线的基面上按选定的组砌方式用于干砖试摆。目的是使竖缝厚度均匀
立皮数杆	使水平缝厚度均匀设在四大角及纵横墙的交接处，中间10~15m立一根，皮数杆上±0.00与建筑物的±0.00相吻合
盘角、挂线	三皮一吊、五皮一靠，确保盘角质量。挂线：上跟线、下靠棱
三一砌砖法	砌筑常用的是"三一砌砖法"，即一块砖、一铲灰、一揉压。砌筑过程中应三皮一吊、五皮一靠，保证墙面垂直平整
勾缝、清理	砖墙勾缝宜采用凹缝或平缝，凹缝深度一般为4~5mm。勾缝完毕后，应进行墙面、柱面和落地灰的清理

2.填充墙砌体施工安全文明操作施工总结

（1）外墙施工时，必须有外墙防护及施工脚手架，墙与脚手架间的间隙应封闭防高空坠物伤人；严禁站在墙上做划线、吊线、清扫墙面、支设模板等施工作业。

（2）在脚手架上，堆放普通砖不得超过2层；操作时精神要集中，不得嬉笑打闹，以防意外事故发生；现场实行封闭化施工，有效控制噪声、扬尘、废物、废水等排放。

第七章

施工现场安全文明用电

第一节 外电线路及电气设备防护安全文明操作

一、外电线路防护安全文明操作

1. 外电线路防护安全文明操作要点

（1）在建工程不得在外电架空线路正下方施工、搭设作业棚、建造生活设施或堆放构件、架具、材料及其他杂物等，如图7-1所示。

建筑工程不得在外电线路下堆放杂物。

图7-1 外电架空线路下堆放杂物

（2）施工现场开挖沟槽边缘与外电埋地电缆沟槽边缘之间的距离不得小于0.5m，如图7-2所示。

（3）防护设施宜采用木、竹或其他绝缘材料搭设，不宜采用钢管等金属材料搭设。防护设施应坚固、稳定，且对外电线路的隔离防护应达到IP30级。

（4）架设防护设施时，必须经有关部门批准，采用线路暂时停电或其他可靠的安全技术措施并应有电气工程技术人员和专职安全人员监护。

（5）在外电架空线路附近开挖沟槽时，必须会同有关部门采取加固措施，防止外电架空线路电杆倾斜、悬倒。

施工现场开挖沟槽与外电埋地电缆沟槽之间距离应大于0.5m。

图7-2 外电埋地电缆敷设

2. 外电线路防护安全文明操作常用数据

（1）在建工程的周边与外电架空线路的边线之间的最小安全操作距离的规定如表7-1所示。

表7-1 在建工程的周边与外电架空线路的边线之间的最小安全操作距离

外电线路电压等级/kV	< 1	1~10	35~110	220	330~500
最小安全操作距离/m	4.0	6.0	8.0	10	15

注：上、下脚手架的斜道不宜设在有外电线路的一侧。

（2）施工现场的机动车道与外电架空线路交叉时，架空线路的最低点与路面的最小垂直距离的规定如表7-2所示。

表7-2 施工现场的机动车道与外电架空线路交叉时的最小垂直距离

外电线路电压等级/kV	< 1	1~10	35
最小垂直距离/m	6.0	7.0	7.0

（3）起重机严禁越过无防护设施的外电架空线路作业。在外电架空线路附近吊装时，起重机的任何部位或被吊物边缘在最大偏斜时与架空线路边线的最小安全距离的规定如表7-3所示。

表7-3 起重机与架空线路边线的最小安全距离

电压/kV 安全距离/m	<1	10	35	110	220	330	500
沿垂直方向/m	1.5	3.0	4.0	5.0	6.0	7.0	8.5
沿水平方向/m	1.5	2.0	3.5	4.0	6.0	7.0	8.5

（4）防护设施与外电线路之间的安全距离不应小于表7-4中所列数值。

表7-4 防护设施与外电线路之间的最小安全距离

外电线路电压等级/kV	10	35	110	220	330	500
最小安全距离/m	1.7	2.0	2.5	4.0	5.0	6.0

二、电气设备防护安全文明操作

电气设备安全防护安全文明操作要点如下。

（1）电气设备现场周围不得存放易燃易爆物、污源和腐蚀介质，否则应予清除或做防护处置，其防护等级必须与环境条件相适应，电气设备现场标准化布置见图7-3和图7-4。

图7-3 室外配线箱布置在指定区域图

图7-4 配电箱外围安全防护

（2）电气设备设置场所应能避免物体打击和机械损伤，否则应做防护处置（图7-5）。

图7-5 室外分配线箱安装在防护棚内

第二节 接地与防雷施工安全文明操作

一、保护接零安全文明操作

1. 保护接零安全文明操作要点

（1）在施工现场专用变压器的供电的TN-S接零保护系统（图7-6）中，电气设备的金属外壳必须与保护零线连接。保护零线应由工作接地线、配电室（总配电箱）电源侧零线或总漏电保护器电源侧零线处引出。

在TN-S系统中，下列电气设备不带电的外露可导电部分应做保护接零：
①电机、变压器、电器、照明器具、手持式电动工具的金属外壳；
②电气设备传动装置的金属部件；
③配电柜与控制柜的金属框架；
④配电装置的金属箱体、框架及靠近带电部分的金属围栏和金属门；
⑤电力线路的金属保护管、敷线的钢索、起重机的底座和轨道、滑升模板金属操作平台等。

图7-6 TN-S接零保护系统

（2）当施工现场与外电线路共用同一供电系统时，电气设备的接地、接零保护应与原系统保持一致。不得一部分设备做保护接零，另一部分设备做保护接地。

（3）采用TN系统做保护接零时，工作零线（N线）必须通过总漏电保护器，保护零线（PE线）必须由电源进线零线重复接地处或总漏电保护器电源侧零线处引出形成局部TN-S接零保护系统。

（4）在TN接零保护系统中，通过总漏电保护器的工作零线与保护零线之间不得再做电气连接。

（5）在TN接零保护系统中，PE零线应单独敷设。重复接地线必须与PE线相连接，严禁与N线相连接。

2. 保护接零安全文明操作施工总结

（1）安装在电力线路杆（塔）上的开关、电容器等电气装置的金属外壳及支架都需做保护接零。

（2）在TN系统中，下列电气设备不带电的外露可导电部分，可不做保护接零：

① 在木质、沥青等不良导电地坪的干燥房间内，交流电压380V及以下的电气装置金属外壳（当维修人员可能同时触及电气设备金属外壳和接地金属的件的除外）；

② 安装在配电柜、控制柜金属框架和配电箱的金属箱体上，且与其可靠电气连接的电气测量仪表、电流互感器、电器的金属外壳。

二、接地与接地电阻安全文明操作

1. 接地与接地电阻安全文明操作要点

（1）单台容量超过100kV·A或使用同一接地装置并联运行且总容量超过100kV·A的电力变压器（图7-7）或发电机的工作接地电阻值不得大于4Ω。

①单台容量不超过100kV·A或使用同一接地装置并联运行且总容量不超过100kV·A的电力变压器或发电机的工作接地电阻值不得大于10Ω。

②在土壤电阻率大于1000Ω·m的地区，当达到①点所述接地电阻值有困难时，工作接地电阻值可提高到30Ω。

图7-7　施工现场变压器接地

（2）TN系统中的保护零线除必须在配电室或总配电箱处做重复接地外（图7-8），还必须在配电系统的中间处和末端处做重复接地。

在TN系统中，保护零线每一处重复接地装置的接地电阻值不应大于10Ω。在工作接地电阻值允许达到10Ω的电力系统中，所有重复接地的等效电阻值不应大于10Ω。

图7-8　室外配电箱接地

（3）在TN系统中，严禁将单独敷设的工作零线再做重复接地。

（4）每一接地装置的接地线应采用2根及以上导体，在不同点与接地体做电气连接（图7-9）。

不得采用铝导体做接地体或地下接地线。垂直接地体宜采用角钢、钢管或光面圆钢，不得采用螺纹钢。接地可利用自然接地体，但应保证其电气连接和热稳定。

图7-9 接地装置连接

（5）移动式发电机供电的用电设备，其金属外壳或底座应与发电机电源的接地装置有可靠的电气连接。

（6）移动式发电机系统接地应符合电力变压器系统接地的要求。下列情况可不另做保护接零：

① 移动式发电机和用电设备固定在同一金属支架上，且不供给其他设备用电时；

② 不超过2台的用电设备由专用的移动式发电机供电，供、用电设备间距不超过50m，且供、用电设备的金属外壳之间有可靠的电气连接时。

（7）在有静电的施工现场内，对集聚在机械设备上的静电应采取接地泄漏措施。每组专设的静电接地体的接地电阻值不应大于100Ω，高土壤电阻率地区不应大于1000Ω。

2. 接地与接地电阻安全文明操作常用数据

接地装置的设置应考虑土壤干燥或冻结及街边变化的影响，具体要求应符合表7-5中的规定。

表7-5　接地装置的季节系数ψ值

埋深/m	水平接地体	长2～3m的垂直接地体
0.5	1.4～1.8	1.2～1.4
0.8～1.0	1.25～1.45	1.15～1.3
2.5～3.0	1.0～1.1	1.0～1.1

注：土壤干燥时，应取表中的最小值；土壤较为潮湿时，应取表中的最大值。

三、防雷施工安全文明操作

1. 防雷施工安全文明操作要点

（1）机械设备或设施的防雷引下线（图7-10）可利用该设备或设施的金属结构体，但应保证电气连接。

某建筑物外墙防雷引下线安装。

图7-10　防雷引下线安装

（2）机械设备上的避雷针（接闪器）长度应为1～2m。塔式起重机可不另设避雷针（接闪器）。

（3）安装避雷针（接闪器）的机械设备，所有固定的动力、控制、照明、信号及通信线路，宜采用钢管敷设。钢管与该机械设备的金属结构体应做电气连接。

（4）施工现场内所有防雷装置的冲击接地电阻值不得大于30Ω。

（5）做防雷接地机械上的电气设备，所连接的PE线必须同时做重复接地，同一台机械电气设备的重复接地和机械的防雷接地可共用同一接地体，但接地电阻应符合重复接地电阻值的要求。

（6）在土壤电阻率低于200Ω•m区域的电杆可不另设防雷接地装置，但在配电室的架空进线或出线处应将绝缘子铁脚与配电室的接地装置相连接。

2. 防雷施工安全文明操作常用数据

施工现场内的起重机、井字架、龙门架等机械设备，以及钢脚手架和正在施工的在建工程等的金属结构，当在相邻建筑物、构筑物等设施的防雷装置接闪器的保护范围以外时，应按表7-6的规定装防雷装置。

表7-6 施工现场内机械设备及高架设施需安装防雷装置的规定

地区年平均雷暴日/d	机械设备高度/m
≤15	≥50
>15，<40	≥32
≥40，<90	≥20
≥90及雷害特别严重的地区	≥12

第三节 配电室及自备电源安全文明操作

一、配电室安全文明操作

1. 配电室安全文明操作要点

（1）配电室（图7-11）应靠近电源，并应设在灰尘少、潮气小、振动小、无腐蚀介质、无易燃易爆物及道路畅通的地方。

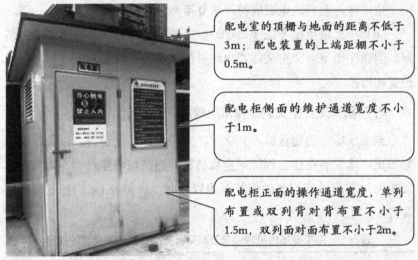

> 配电室的顶栅与地面的距离不低于3m；配电装置的上端距栅不小于0.5m。

> 配电柜侧面的维护通道宽度不小于1m。

> 配电柜正面的操作通道宽度，单列布置或双列背对背布置不小于1.5m，双列面对面布置不小于2m。

图7-11　施工现场配电室

（2）成列的配电柜和控制柜两端应与重复接地线及保护零线做电气连接。

（3）配电室和控制室应能自然通风，并应采取防止雨雪侵入和动物进入的措施。

（4）配电柜应装设电度表，并应装设电流、电压表。电流表与计费电度表不得共用一组电流互感器。

（5）配电柜应装设电源隔离开关及短路、过载、漏电保护电器。

电源隔离开关分断时应有明显可见分断点。

（6）配电柜应编号，并应有用途标记。

（7）配电柜或配电线路停电维修时，应挂接地线，并应悬挂"禁止合闸、有人工作"停电标志牌（图7-12）。停送电必须由专人负责。

图7-12 停电标志牌

（8）配电室应保持整洁，不得堆放任何妨碍操作、维修的杂物。

2. 配电室安全文明操作常用数据

配电室内的母线涂刷有色油漆，以标志相序；以柜正面方向为基准，其涂色应符合表7-7规定。

表7-7 母线涂色

相别	颜色	垂直排列	水平排列	引下排列
L1（A）	黄	上	后	左
L2（B）	绿	中	中	中
L3（C）	红	下	前	右
N	淡蓝	—	—	—

二、230V/44V自备发电机组安全文明操作

230V/44V自备发电机组安全文明操作要点如下。

（1）发电机组及其控制、配电、修理室等可分开设置；在保证电气安全距离和满足防火要求情况下可合并设置。

（2）发电机组（图7-13）的排烟管道必须伸出室外。发电机组及其控制、配电室内必须配置可用于扑灭电气火灾的灭火器，严禁存放贮油桶。

发电机组电源必须与外电线路电源连锁，严禁并列运行；发电机组应采用电源中性点直接接地的三相四线制供电系统和独立设置TN-S接零保护系统。

图7-13　施工现场发电机组

（3）发电机供电系统应设置电源隔离开关及短路、过载、漏电保护电器。电源隔离开关分断时应有明显可见分断点。

（4）发电机组并列运行时，必须装设同期装置，并在机组同步运行后再向负载供电。

（5）发电机控制屏中宜装设表7-8中的仪表。

表7-8 发电机控制屏中仪表

名称	图例	名称	图例	名称	图例
交流电压表		交流电流表		有功功率表	
功率因数表		频率表		直流电流表	

第四节　配电线路施工安全文明操作

一、架空线路安全文明操作

1. 架空线路安全文明操作要点

（1）架空线必须采用绝缘导线。

（2）架空线必须架设在专用电杆上，严禁架设在树木、脚手架及其他设施上。

（3）架空线（图7-14）导线截面的选择应符合下列要求。

> 按机械强度要求，绝缘铜线截面不小于10mm²，绝缘铝线截面不小于16mm²；在跨越铁路、公路、河流、电力线路档距内，绝缘铜线截面不小于16mm²。线截面不小于25mm²。

图7-14　架空线路安装

① 导线中的计算负荷电流不大于其长期连续负荷允许载流量。

② 线路末端电压偏移不大于其额定电压的5%。

③ 三相四线制线路的N线和PE线截面不小于相线截面的50%，单相线路的零线截面与相线截面相同。

（4）架空线在一个挡距内，每层导线的接头数不得超过该层导线条数的50%，且一条导线应只有一个接头。

（5）架空线路相序排列应符合下列规定。

① 动力、照明线在同一横担上架设时，导线相序排列是：面向

负荷从左侧起依次为L1、N、L2、L3、PE。

② 动力、照明线在二层横担上分别架设时,导线相序排列是:上层横担面向负荷从左侧起依次为L1、L2、L3;下层横担面向负荷从左侧起依次为L1(L2、L3)、N、PE。

(6)架空线路的挡距不得大于35m。

(7)架空线路的线间距不得小于0.3m,靠近电杆的两导线的间距不得小于0.5m。

2. 架空线路安全文明操作常用数据

架空线路横担间的最小垂直距离不得小于表7-9所列数值;横担宜采用角钢或方木,低压铁横担角钢应按表7-10选用,方木横担截面应按80mm×80mm选用;横担长度应按表7-11选用。

表7-9 横担间的最小垂直距离 　　　　　　　　单位:m

排列方式	直线杆	分支或转角杆
高压与低压	1.2	1.0
低压与低压	0.6	0.3

表7-10 低压铁横担角钢选用

导线截面/mm²	直线杆	分支或转角杆	
		二线及三线	四线以上
16	∟50×5	2×∟50×5	2×∟63×5
25			
35			
50			
70	∟63×5	2×∟63×5	2×∟70×6
95			
120			

表7-11　横担长度选用

横担长度/m		
二线	三线、四线	五线
0.7	1.5	1.8

架空线路与邻近线路或固定物的距离应符合表7-12的规定。

表7-12　架空线路与邻近线路或固定物的距离

项目	距离类别					
最小净穿距离/m	架空线路的过引线、接下线与邻线	架空线与架空线电杆外缘		架空线与摆动最大时树梢		
	0.13	0.05		0.50		
最小垂直距离/m	架空线同杆架设下方的通信、广播线路	架空线最大弧度与地面			架空线最大弧垂与暂设工程顶端	架空线与邻近电力线路交叉
		施工现场	机动车道路	铁路轨道		1kV以下　1~10kV
	1.0	4.0	6.0	7.5	2.5	1.2　　2.5
最小水平距离/m	架空线电杆与路基边缘	架空线电杆与铁路轨道边缘		架空线边缘与建筑物凸出部分		
	1.0	杆高（m）+3.0		1.0		

3. 架空线路安全文明操作施工总结

（1）电杆的拉线（图7-15）宜采用不少于3根D4.0mm的镀锌钢丝。

（2）因受地表环境限制不能装设拉线时，可采用撑杆代替拉线，撑杆埋设深度不得小于0.8m，其底部应垫底盘或石块。撑杆与电杆的夹角宜为30°。

（3）接户线在挡距内不得有接头，进线处离地高度不得小于2.5m。

拉线与电杆的夹角应在30°～45°之间。拉线埋设深度不得小于1m。电杆拉线如从导线之间穿过，应在高于地面2.5m处装设拉线绝缘子。

图7-15　电线杆拉线安装

（4）架空线路必须有短路保护

① 采用熔断器做短路保护时，其熔体额定电流不应大于明敷绝缘导线长期连续负荷允许载流量的1.5倍。

② 采用断路器做短路保护时，其瞬动过流脱扣器脱扣电流整定值应小于线路末端单相短路电流。

二、电缆线路安全文明操作

1. 电缆线路安全文明操作要点

（1）电缆中必须包含全部工作芯线和用作保护零线或保护线的芯线。需要三相四线制配电的电缆线路必须采用五芯电缆。五芯电缆必须包含淡蓝、绿/黄两种颜色绝缘芯线。淡蓝色芯线必须用作N线；绿/黄双色芯线必须用作PE线，严禁混用。

（2）电缆线路应采用埋地（图7-16）或架空敷设，严禁沿地面明设，并应避免机械损伤和介质腐蚀。埋地电缆路径应设方位标志。

电缆直接埋地敷设的深度不应小于0.7m，并应在电缆紧邻上、下、左、右侧均匀敷设不小于50mm厚的细砂，然后覆盖砖或混凝土板等硬质保护层。

图7-16　电缆线路埋地敷设

（3）电缆类型应根据敷设方式、环境条件选择。埋地敷设宜选用铠装电缆；当选用无铠装电缆时，应能防水、防腐。架空敷设宜选用无铠装电缆。

（4）埋地电缆在穿越建筑物、构筑物、道路、易受机械损伤介质、体育馆场所及引出地面从2.0m高到地下0.2m处，必须加设防护套管，防护套管内径不应小于电缆外径的1.5倍。

（5）埋地电缆与其附近外电电缆和管沟的平行间距不得小于2m，交叉间距不得小于1m。

（6）架空电缆（图7-17）应沿电杆、支架或墙壁敷设，并采用绝缘子固定，绑扎线必须采用绝缘线，固定点间距应保证电缆能承受自重所带来的荷载，敷设高度应符合规范架空线路敷设高度的要求，但沿墙壁敷设时最大弧垂距地不得小于2.0m。

2. 电缆线路安全文明操作施工总结

（1）埋地电缆的接头应设在地面上的接线盒内，接线盒应能防水、防尘、防机械损伤，并应远离易燃、易爆、易腐蚀场所。

（2）电缆线路必须有短路保护和过载保护。

图7-17 架空电缆敷设

（3）在建工程内的电缆线路必须采用电缆埋地引入，严禁穿越脚手架引入。电缆垂直敷设应充分利用在建工程的竖井、垂直洞等，并宜靠近用电负荷中心，固定点楼层不得少于一处。电缆水平敷设宜沿墙或门口刚性固定，最大弧垂距地不得小于2.0m。

三、室内配线安全文明操作

1. 室内配线安全文明操作要点

（1）室内非埋地明敷主干线距地面高度不得小于2.5m。

（2）架空进户线的室外端应采用绝缘子固定，过墙处应穿管保护，距地面高度不得小于2.5m，并应采取防雨措施。

（3）室内配线所用导线（图7-18）或电缆的截面应根据用电设备或线路的计算负荷确定。

（4）钢索配线的吊架间距不宜大于12m。采用瓷夹固定导线时，导线间距不应小于35mm，瓷夹间距不应大于800mm；采用瓷瓶固定导线时，导线间距不应小于100mm，瓷瓶间距不应大于1.5m；采用护套绝缘导线或电缆时，可直接敷设于钢索上。

所用配线要求：铜线截面不应小于1.5mm²，铝线截面不应小于2.5mm²。

图7-18　室内配线施工

2. 室内配线安全文明操作施工总结

（1）室内配线必须采绝缘导线或电缆。

（2）室内配线应根据配线类型采用瓷瓶、瓷（塑料）夹、嵌绝缘槽、穿管或钢索敷设。

潮湿场所或埋地非电缆配线必须穿管敷设，管口和管接头应密封；当采用金属管敷设时，金属管必须做等电位连接，且必须与PE线相连接。

（3）室内配线必须有短路保护和过载保护。对穿管敷设的绝缘导线线路，其短路保护熔断器的熔体额定电流不应大于穿管绝缘导线长期连续负荷允许载流量的2.5倍。

第五节　配电箱及开关箱施工安全文明操作

一、配电箱及开关箱设置安全文明操作

1. 配电箱及开关箱设置安全文明操作要点

（1）配电系统应设置配电柜或总配电箱、分配电箱、开关箱，实

行三级配电。配电系统宜使三相负荷平衡。220V或380V单相用电设备宜接入220V/380V三相四线系统；当单相照明线路电流大于30A时，宜采用220V/380V三相四线制供电。

（2）总配电箱以下可设若干分配电箱（图7-19）；分配电箱以下可设若干开关箱。

分配电箱应设在用电设备或负荷相对集中的区域，分配电箱与开关箱的距离不得超过30m，开关箱与其控制的固定式用电设备的水平距离不宜超过3m。

图7-19　分配电箱现场设置

（3）每台用电设备必须有各自专用的开关箱，严禁用同一个开关箱直接控制2台及2台以上用电设备（含插座）。

（4）动力配电箱与照明配电箱宜分别设置。当合并设置为同一配电箱时，动力和照明应分路配电；动力开关箱与照明开关箱必须分设。

（5）配电箱、开关箱应装设在干燥、通风及常温场所，不得装设在有严重损伤作用的天然气、烟气、潮气及其他有害介质中，亦不得装设在易受外来固体物撞击、强烈振动、液体浸溅及热源烘烤场所。否则，应予清除或做防护处理。

（6）配电箱、开关箱周围应有足够2人同时工作的空间和通道，不得堆放任何妨碍操作、维修的物品，不得有灌木、杂草。

（7）配电箱、开关箱应采用冷轧钢板或阻燃绝缘材料制作，钢板厚度应为1.2～2.0mm，其中开关箱箱体钢板厚度不得小于1.2mm，配电箱箱体网板厚度不得小于1.5mm，箱体表面应做防腐处理。

（8）配电箱、开关箱应装设端正、牢固。固定式配电箱、开关箱的中心点与地面的垂直距离应为1.4～1.6m。移动式配电箱、开关箱应装设在坚固、稳定的支架上。其中心点与地面的垂直距离宜为0.8～1.6m。

（9）配电箱、开关箱（图7-20）内的电器（含插座）应先安装在金属或非木质阻燃绝缘电器安装板上，然后方可整体紧固在配电箱、开关箱箱体内。

配电箱、开关箱内的电器(含插座)应按其规定位置紧固在电器安装板上，不得歪斜和松动。

图7-20　施工现场开关箱

2. 配电箱及开关箱设置安全文明操作常用数据

配电箱、开关箱的箱体尺寸应与箱内电器的数量和尺寸相适应，箱内电器安装板板面电器安装尺寸可按照表7-13确定。

表7-13　配电箱、开关箱内电器安装尺寸选择值

间距名称	最小净距/mm
并列电器（含单极熔断器）间	30
电器进、出线瓷管（塑胶管）孔与电器边沿间	15A：30；20～30A：50；60A以上：80

续表

间距名称	最小净距/mm
上、下排电器进出线瓷管（塑胶管）孔间	25
电器进、出线瓷管（塑胶管）孔至板边	40
电器至板边	40

3. 配电箱及开关箱设置安全文明操作施工总结

（1）配电箱的电器安装板上必须分设N线端子板和PE线端子板。N线端子板必须与金属电器安装板绝缘；PE线端子板必须与金属电器安装板做电气连接。进出线中的N线必须通过N线端子板连接；PE线必须通过PE线端子板连接。

（2）配电箱、开关箱内的连接线必须采用铜芯绝缘导线。导线分支接头不得采和螺栓压接，应采用焊接并做绝缘包扎，不得有外露带电部分。

（3）配电箱、开关箱的金属箱体、金属电器安装板以及电器正常不带电的金属底座、外壳等必须通过PE线端子板与PE线做电气连接，金属箱门与金属箱必须通过采用编织软铜线做电气连接。

二、配电箱的使用与维护安全文明操作

1. 配电箱的使用与维护安全文明操作要点

（1）配电箱、开关箱应有名称、用途、分路标记及系统接线图。

（2）配电箱、开关箱应定期检查、维修。检查、维修人员必须是专业电工。检查、维修时必须按规定穿、戴绝缘鞋、手套，必须使用电工绝缘工具，并应做检查、维修工作记录。

（3）对配电箱（图7-21）、开关箱进行定期维修、检查时，必须将其前一级相应的电源隔离开关分闸断电，并悬挂"禁止合闸、有人工作"停电标志牌，严禁带电作业。

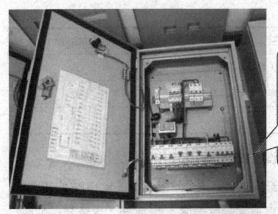

①送电操作顺序为：总配电箱→分配电箱→开关箱。
②停电操作顺序为：开关箱→分配电箱→总配电箱。

图7-21 配电箱检查操作

2. 配电箱的使用与维护安全文明操作施工总结

（1）施工现场停止作业1h以上时，应将动力开关箱断电上锁。

（2）配电箱、开关箱内不得放置任何杂物，并应保持整洁。

（3）配电箱、开关箱内不得随意挂接其他用电设备。

（4）配电箱、开关箱内的电器配置和接线严禁随意改动。熔断器的熔体更换时，严禁采用不符合原规格的熔体代替。漏电保护器每天使用前应启动漏电试验按钮试跳一次，试跳不正常时严禁继续使用。

（5）配电箱、开关箱的进线和出线严禁承受外力，严禁与金属尖锐断口、强腐蚀介质和易燃易爆物接触。

第八章

高处作业安全文明施工

第一节　临边与洞口作业施工安全文明操作

一、临边作业安全文明操作

对于临边高处作业，应采取防护措施即设置安全防护设施。临边作业安全防护设施主要有防护栏杆（图8-1）、安全网和安全门。防护栏杆为应用最多的临边防护设施。

> 临边作业设置防护栏杆的具体范围：基坑周边、尚未安装栏杆或栏板的阳台、无女儿墙的屋面周边、框架工程楼层的周边、斜马道两侧边、料台与挑平台周边、雨篷与挑檐边等处，都必须设置防护栏杆，并且挂密目网进行封闭。

图8-1　临边采用防护栏杆防护

1. 临边作业安全文明操作要点

（1）防护栏杆的种类及连接

防护栏杆的材质有：钢管（扣件）、钢筋（镀锌钢丝）、圆木即木材（圆钉、镀锌钢丝）、毛竹（镀锌钢丝）等。括号中是连接材料。

① 钢管（图8-2）。目前施工现场普遍使用直径为48mm钢管，因此，钢管横杆及栏杆柱均采用48mm×（2.75～3.5）mm的管材，以扣件或电焊固定。

图8-2 采用钢管栏杆进行临边防护

② 毛竹。毛竹横杆小头有效直径不应小于72mm，栏杆柱小头直径不应小于80mm，并须用不小于16号的镀锌钢丝绑扎，不应少于3圈，并无泻滑。

③ 原木横杆上杆梢径不应小于70mm，下杆梢径不应小于60mm，栏杆柱梢径不应小于75mm。并须用相应长度的圆钉钉紧，或用不小于12号的镀锌钢丝绑扎，要求表面平顺和稳固无动摇。

④ 钢筋横杆上杆直径不应小于16mm，下杆直径不应小于14mm，栏杆柱直径不应小于18mm，采用电焊或镀锌钢丝绑扎固定。

（2）防护栏杆安全文明搭设

① 防护栏杆应由上、下两道横杆及栏杆柱组成（图8-3），上杆离地高度为1.0～1.2m，下杆离地高度为0.5～0.6m。坡度大于1：22的屋面，防护栏杆应高1.5m，并加挂安全立网。除经设计计算外，横杆长度大于2m时，必须加设栏杆柱。

上杆离地高度为1.0～1.2m。

下杆离地高度为0.5～0.6m。

图8-3　施工现场防护栏杆的组成

② 栏杆柱的固定（图8-4）及其与横杆的连接。其整体构造应使防护栏杆在上杆任何处，能经受任何方向的1000N外力。当栏杆所处位置有发生人群拥挤、车辆冲击或物件碰撞等可能时，应加大横杆截面或加密柱距。

当在基坑四周固定时，可采用钢管并打入地面50～70cm深。钢管离边口的距离不应小于50cm。当基坑周边采用板桩时，钢管可打在板桩外侧。

图8-4　防护栏杆柱的固定

2. 临边作业安全文明操作施工总结

（1）防护栏杆必须自上而下用安全立网封闭，或在栏杆下边设置严密固定的高度不低于18cm的挡脚板或40cm的挡脚笆。挡脚板与挡脚笆上如有孔眼，不应大于25mm。板与笆下边距离底面的空隙不应大于10mm。

（2）当临边的外侧面临街道时，除防护栏杆外，敞口立面必须采取满挂安全网或其他可靠措施做全封闭处理。

二、洞口作业安全文明操作

洞口分为平行于地面的，如楼板、入孔、梯道、天窗、管道沟槽、管井等，称为平面洞口；垂直于地面的，如墙壁和窗台墙等，称为竖向洞口。

1. 洞口作业安全文明操作要点

（1）板与墙洞口安全防护设置

① 板与墙的洞口，必须根据具体情况（较小的洞口可临时砌死）设置牢固的盖板、钢筋防护网、防护栏杆与安全平网或其他防坠落的防护设施。

② 楼板面等处边长为25～50cm的洞口（图8-5）、安装预制构件时的洞口以及缺件临时形成的洞口，可用竹、木等作盖板，盖住洞口。

盖板应能保持四周搁置均衡，并有固定其位置的措施。

图8-5 楼面面的洞口

③ 钢筋防护网（图8-6）。边长为50～150cm的洞口，必须设置以扣件扣接钢管而成的网格，并在其上满铺竹笆或脚手板。

边长在150cm以上的洞口，四周设防护栏杆，洞口下张设安全平网。

也可采用贯穿于混凝土板内的钢筋构成防护网，钢筋网格间距不得大于20cm。

图8-6　洞口采用钢筋防护网防护

（2）电梯井口安全防护设置

电梯井各层门口必须设置防护栏杆或固定栅门（图8-7）。电梯井内应每隔两层且最多隔10m设一道安全平网（图8-8），平网内无杂物，网与井壁间隙不大于10cm。当防护高度超过一个标准层时，不可采用脚手板等硬质材料做水平防护。防护栏杆和固定栅门应整齐、固定需牢固，应采用工具式、定型化防护设施，装拆方便，便于周转和使用。

图8-7　门口采用固定格栅门防护

每隔两层且最多隔10m设一道安全平网，平网内无杂物，网与井壁间隙不大于10cm。

图8-8　安全平网设置

（3）通道口安全防护设置

结构施工自二层起，在建工程地面出入口处的通道口（包括物料提升机、施工用电梯的进出通道口）、施工现场在施工人员流动密集的通道上方，应搭设防护棚（图8-9）。防止因落物而产生的物体打击事故。出入口处的防护棚宽度应大于出入口，长度应根据建筑物的高度而设置，符合坠落半径的尺寸要求。

防护棚顶部材料可采用5cm厚木板或相当于厚木板强度的其他材料，材料强度需能承受10kPa的均布静荷载；防护棚上部严禁堆放材料，如果因场地狭小，防护棚兼作物料堆放架时，则应经计算确定，按设计图样来进行验收。

图8-9　通道口防护棚搭设

2. 洞口作业安全文明操作施工总结

（1）暂不通行的楼梯口、通道口和暂不用的电梯井口，均应临时进行封闭，封闭要牢固严密。

（2）楼梯口、通道口、电梯井口和坑、井处要有醒目的示警标志，夜间要设红灯来示警。

（3）洞口防护栏杆的杆件及其搭设与临边作业防护栏杆的搭设相同，具体搭设见临边作业防护栏杆的设置。

第二节　攀登与悬空作业安全文明操作

一、攀登作业安全文明操作

攀登作业是指借助登高用具或登高设施，在攀登条件下进行高处作业。

施工现场登高借助建筑结构或脚手架上的登高设施，也可采用载人垂直运输设备、梯子、钢柱、钢梁、钢屋架或者其他攀登设施。攀登作业使用的用具，结构构造上必须牢固可靠。

1. 攀登作业安全文明操作要点

（1）柱、梁和行车梁等构件吊装所需的直爬梯及其他登高用拉攀件，应在构件施工图或说明内做出规定。

（2）攀登的用具，结构构造上必须牢固可靠。供人上下的踏板其使用荷载不应大于1100N。当梯面上有特殊作业，重量超过上述荷载时，应按实际情况加以验算。

（3）梯脚底部应坚实，不得垫高使用。梯子的上端应有固定措施。立梯工作角度以75°±5°为宜，踏板上下间距以30cm为宜，不得有缺档。

（4）梯子如需接长使用，必须有可靠的连接措施，且接头不得超过1处。连接后梯梁的强度，不应低于单梯梯梁的强度。

（5）折梯使用时上部夹角以35°～45°为宜，铰链必须牢固，并应有可靠的拉撑措施。

（6）固定式直爬梯（图8-10）应用金属材料制成。

> 梯宽不应大于50cm，支撑应采用不小于L70×6的角钢，埋设与焊接均必须牢固。梯子顶端的踏棍应与攀登的顶面齐平，并加设1～1.5m高的扶手。

图8-10 固定式直爬梯

（7）使用直爬梯进行攀登作业时，攀登高度以5m为宜。超过2m时，宜加设护笼，超过8m时，必须设置梯间平台。

（8）作业人员应从规定的通道上下，不得在阳台之间等非规定通道进行攀登，也不得任意利用吊车臂架等施工设备进行攀登。

2. 攀登作业安全文明操作施工总结

（1）钢柱安装登高时，应使用钢挂梯或设置在钢柱上的爬梯。钢柱的接柱应使用梯子或操作台。操作台横杆高度，当无电焊防风要求时，其高度不宜小于1m，有电焊防风要求时，其高度不宜小于1.8m。

（2）登高安装钢梁时，应视钢梁高度在两端设置挂梯或搭设钢管脚手架。需要在梁面上行走时，其一侧的临时护栏横杆可采用钢索，当改用扶手绳时，绳的自然下垂度不应大于1/20，并应控制在10cm以内。

二、悬空作业安全文明操作

在无立足点或无牢靠立足点的条件下，进行的高处作业统称为悬空高处作业。

因此，在悬空作业无立足点时，应适当地建立牢靠的立足点，如搭设操作平台、脚手架或吊篮等，方可进行施工。

1. 悬空作业安全文明操作要点

（1）构件吊装和管道安装时的悬空作业必须遵守的规定

① 钢结构的吊装，构件应尽可能地在地面组装，并应搭设进行临时固定、电焊、高强螺栓连接等工序的高空安全设施，随构件同时上吊就位。拆卸时的安全措施，亦应一并考虑和落实。高空吊装预应力钢筋混凝土屋架、桁架等大型构件前，也应搭设悬空作业中所需的安全设施。

② 悬空安装大模板（图8-11）、吊装第一块预制构件、吊装单独的大中型预制构件时，必须站在操作平台上操作。吊装中的大模板和预制构件以及石棉水泥板等屋面板上，严禁站人和行走。

图8-11　悬空安装大模板

③ 安装管道时必须有已完结构或操作平台为立足点，严禁在安装中的管道上站立和行走。

（2）模板支撑和拆卸时的悬空作业必须遵守的规定

① 支模应按规定的作业程序进行，模板未固定前不得进行下一道工序。严禁在连接件和支撑件上攀登上下，并严禁在上下同一垂直面上装、拆模板。结构复杂的模板，装、拆应严格按照施工组织设计的措施进行。

② 支设高度在3m以上的柱模板，四周应设斜撑，并应设立操作平台。低于3m的可使用马凳操作。

③ 支设悬挑形式的模板时，应有稳固的立足点。支设临空构筑物模板时，应搭设支架或脚手架。模板上有预留洞时，应在安装后将洞盖住。

（3）钢筋绑扎时的悬空作业必须遵守的规定

① 绑扎钢筋和安装钢筋骨架时，必须搭设脚手架和马道。

② 绑扎圈梁、挑梁、挑檐、外墙和边柱等钢筋时，应搭设操作台架和张挂安全网。悬空大梁钢筋的绑扎，必须在满铺脚手板的支架或操作平台上操作。

③ 绑扎立柱（图8-12）和墙体钢筋时，不得站在钢筋骨架上或攀登骨架上下。

2. 悬空作业安全文明操作施工总结

（1）浇筑离地2m以上的框架、过梁、雨篷和小平台时，应设操作平台，不得直接站在模板或支撑件上操作。

（2）浇筑拱形结构，应自两边拱脚对称地相向进行。浇筑储仓，下口应先行封闭，并搭设脚手架以防人员坠落。

（3）安装门、窗，油漆及安装玻璃时（图8-13），严禁操作人员站在檩子、阳台栏板上操作。门、窗临时固定，封填材料未达到强度，以及电焊时，严禁手拉门、窗进行攀登。

图8-12　悬空绑扎立柱钢筋

在高处外墙安装门、窗，无外脚手时，应张挂安全网。无安全网时，操作人员应系好安全带，其保险钩应挂在操作人员上方的可靠物件上。

图8-13　外窗安装

第三节 操作平台与交叉作业安全文明操作

一、操作平台安全文明操作

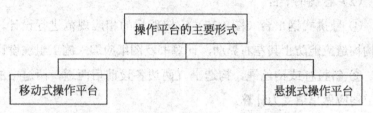

1. 操作平台安全文明操作要点

（1）移动式操作平台安全文明操作的要点

① 移动式操作平台（图8-14）应由专业技术人员按现行的相应规范进行设计，计算书及图纸应编入施工组织设计。

操作平台的面积不应超过10㎡，高度不应超过5m。还应进行稳定验算，并采取措施减少立柱的长细比。

装设轮子的移动式操作平台，轮子与平台的接合处应牢固可靠，立柱底端离地面不得超过80mm。

图8-14 移动式操作平台

② 操作平台可采用 $\Phi(48 \sim 51)$mm×3.5mm 钢管以扣件连接，亦可采用门架式或承插式钢管脚手架部件，按产品使用要求进行

组装。平台的次梁，间距不应大于40cm；台面应满铺3cm厚的木板或竹笆。

③ 操作平台四周必须按临边作业要求设置防护栏杆，并应布置登高扶梯。

（2）悬挑钢平台

① 悬挑式钢平台（图8-15）应按现行的相应规范进行设计，其结构构造应能防止其左右晃动，计算书及图纸应编入施工组织设计。

② 斜拉杆或钢丝绳，构造上宜两边各设前后两道，两道中的每一道均应做单道受力计算。

③ 钢平台安装时，钢丝绳应采用专用的挂钩挂牢，采取其他方式时卡头的卡子不得少于3个。建筑物锐角利口围系钢丝绳处应加衬软垫物，钢平台外口应略高于内口。

悬挑式钢平台的搁支点与上部拉结点，必须位于建筑物上，不得设置在脚手架等施工设备上。

应设置4个经过验算的吊环。吊运平台时应使用卡环，不得使吊钩直接钩挂吊环。吊环应用甲类3号沸腾钢制作。

图8-15　悬挑钢平台

④ 钢平台左右两侧必须装置固定的防护栏杆。

⑤ 钢平台吊装（图8-16），需待横梁支撑点电焊固定，接好钢丝绳，调整完毕，经过检查验收合格后方可松卸起重吊钩，上下操作。

2. 操作平台安全文明操作施工总结

（1）钢平台使用时，应有专人进行检查，发现钢丝绳有锈蚀损坏应及时调换，焊缝脱焊应及时修复。

（2）操作平台上应显著地标明容许荷载值。操作平台上人员和物料的总质量严禁超过设计的容许荷载，并应配备专人加以监督。

（3）钢平台应制成定型化、工具化的结构，无论采用钢丝绳吊拉或型钢支撑式，都应能简单合理地与建筑结构连接。悬挑式钢平台的安装与拆卸应简单、方便。

图8-16 悬挑式钢平台吊装

二、交叉作业安全文明操作

交叉作业安全文明操作的要点如下。

（1）支模、粉刷、砌墙等各工种进行上下立体交叉作业时

（图8-17），不得在同一垂直方向上操作。下层作业的位置，必须处于依上层高度确定的可能坠落范围半径之外。不符合以上条件时，应设置安全防护层。

（2）钢模板、脚手架等拆除时，下方不得有其他操作人员。

（3）钢模板部件拆除后，临时堆放处离楼层边沿不应小于1m，堆放高度不得超过1m。楼层边口、通道口、脚手架边缘等处，严禁堆放任何拆下物件。

（4）结构施工自二层起，凡人员进出的通道口（包括井架、施工用电梯的进出通道口），均应搭设安全防护棚。高度超过24m的层上的交叉作业，应设双层防护。

图8-17　交叉作业

（5）由于上方施工可能坠落物件或处于起重机把杆回转范围之内

的通道，在其受影响的范围内，必须搭设顶部能防止穿透的双层防护廊（图8-18）。

图8-18　双层防护廊

第九章

安全文明施工管理

第一节 施工现场管理

一、现场调度

1. 现场施工调度的任务

现场施工调度任务的主要内容如下。

（1）监督、检查计划和工程合同的执行情况，掌握和控制施工进度，及时进行人力、物力平衡，调配人力，督促物资、设备的供应，促进施工的正常进行。

（2）及时解决施工现场上出现的矛盾，协调各单位及各部门之间的协作配合。

（3）监督工程质量和安全施工。

（4）检查后续工序的准备情况，布置工序之间的交接。

（5）定期组织施工现场调度会，落实调度会的决定。

2. 现场施工调度的要求

现场施工调度要求的主要内容如下。

（1）调度工作的依据要正确，这些依据有施工过程中检查和发现出来的问题、计划文件、设计文件、施工组织设计、有关技术组织措施、上级的指示文件等。

（2）调度工作要做到"三性"，即及时性（指反映情况及时、调度处理及时）；准确性（指依据准确、了解情况准确、分析问题原因准确、处理问题的措施准确）；预防性（即对工程中可能出现的问题，在调度上要提出防范措施和对策）。

（3）采用科学的调度方法，即逐步采用新的现代调度方法和手段，广泛应用电子计算机技术。

（4）为了加强施工的统一指挥，必须给调度部门和调度人员应有的权力。

（5）调度部门无权改变施工作业计划的内容，但在遇到特殊情况无法执行原计划时，可通过一定的批准手续，经技术部门同意，按下列原则进行调度：

① 一般工程服从于重点工程和竣工工程；

② 交用期限迟的工程，服从于交用期限早的工程；

③ 小型或结构简单的工程，服从于大型或结构复杂的工程。

二、现场平面管理

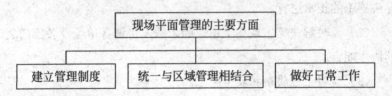

现场平面管理各方面的工作要点如下。

（1）建立管理制度

以施工总平面规划为依据，进行经常性的管理工作，若有总包，则应根据工程进度情况，由总包单位负责施工总平面图的调整、补充修改工作，以满足各分包单位不同时间的需要。进入现场的各单位应尊重总包单位的意见，服从总包单位的指挥。

（2）统一与区域管理相结合

在施工现场施工总平面管理部门统一领导下，划分各专业施工单位或单位工程区域管理范围，确定各个区域内部有关道路、动力管线、排水沟渠及其他临时工程的维修养护责任。

（3）做好日常工作

做好现场平面管理的日常性工作，如：审批各单位需用场地的申请，根据不同时间和不同需要，结合实际情况，合理调整场地；做好土石方的平衡工作，规定各单位取弃土石方的地点、数量和运输路线；审批各单位在规定期限内，对清除障碍物、挖掘道路、断绝交通、断绝水电动力线路等的申请报告；对运输大批材料的车辆，做出妥善安排，避免拥挤堵塞交通；大型施工现场在施工管理部门内应设专职组负责平面管理工作，一般现场也应指派专人负责此项工作。

三、现场场容管理

施工现场场容管理的内容如下。

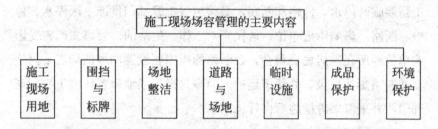

施工现场常用管理各个方面的主要内容如下。

（1）施工现场用地

施工现场用地（图9-1）应以城市规划管理部门批准的工程建设用地的范围为准，也就是通常所说的建筑红线以内。如果建筑红线以

图9-1　施工现场用地

内场地过于狭小，无法满足施工需要，需在批准的范围以外临时占地时，应会同建设单位按规定分别向规划、公安交通管理部门另行报批。一旦经批准后，应在批准的时间期限和占地范围内使用，不得超时间、超面积占用。

经验指导：如果临时占地范围内有绿地、树木，应采取妥善措施加以保护，必要时应与园林绿化部门取得联系。如果临时占地范围内有铺装步道或其他正式路面的，应与当地市政管理部门联系。因施工需要临时停水、停电和断路，必须申报主管部门批准；因停水、停电、断路，影响附近单位、居民正常工作、生活的，要事先通告受影响单位和所在地居民委员会，在断路的周围要设置明显的标志；因施工或断路影响垃圾、粪便清运的，要事先报告当地市容环境卫生管理部门，并采取妥善措施后再行施工。

（2）围挡与标牌

围挡与标牌原则上所有施工现场均应设围挡，禁止行人穿行及无关人员进入。根据工程性质和所在地区的不同情况，可采用不同标准的围挡措施，但均应封闭严密、完整、牢固、美观，上口要平，外立面要直，高度不得低于1.8m。

施工现场必须设置明显的标牌（图9-2），标明工程项目名称、建

标牌字体应书写正确规范、工整美观，并经常保持整洁完好。标牌面积不得小于0.7m×0.5m。

图9-2　施工现场标牌

设单位、设计单位、施工单位、项目经理和施工现场总代表人的姓名、开工和竣工日期、施工许可证批准文号等。

施工现场大门内还应有施工总平面布置图、消防平面布置图，以及安全生产管理制度板、消防保卫管理制度板、场容卫生环保制度板。平面图要布置合理并与现场实际相符，制度板要求内容详细，字迹工整、规范、清晰。

（3）场地整洁

现场整洁施工现场要加强管理、文明施工。整个施工现场和门前及围墙附近应保持整洁，不得有垃圾、废弃物及痰迹。工人操作工作面上要做到活完、料净、脚下清。

施工中产生的垃圾废料要及时清除。砂浆、混凝土在搅拌、运输、使用过程中要做到不洒、不漏、不剩、不倒。洒漏的要及时清理，避免剔凿。砂浆、混凝土倒运时，应用容器或铺垫板。浇筑混凝土时，应采取防洒落措施。对已产生的施工垃圾要及时清理集中，及时运出。

对施工垃圾应进行分拣，回收可利用的材料及废旧金属等。经过分拣以后不能利用的垃圾要及时运走，卸到指定地点，其中单块的长、宽、高均不得超过30cm。超标的大块要先行破碎才准卸倒。

（4）道路与场地

施工现场的道路与场地是施工生产的基本条件之一。一般基础及地下室的工程完成后，应进行二次场地平整，包括沟槽回填、余土清运、场地和道路的修整，经检查验收合格后，方准进入结构施工。位于主要街道两侧现场的主要出入口应设专人指挥车辆，防止发生交通事故。

对道路（图9-3）的基本要求是现场应有循环道路，并做到平整、坚实、畅通，为了保证任何时候都能通过消防车辆，道路上不准堆放物料，宽度不得小于3.5m。现场道路可用焦渣、砂石作路面。道路应起拱，有排水措施。

图9-3　施工现场标准道路

经验指导：对场地的基本要求是平整坚实，有排水措施，不得有坑洼积水。场地内应清洁，无杂草、石头、砖头、烂纸、木屑等杂物。

（5）临时设施

现场的临时设施应根据施工组织设计进行搭设。各种临时设施均应做到安全、实用、整齐。不得采用荆笆、苇席作外墙。现场临时设施尽量采用非易燃材料支搭。由于条件限制需在现场搭建易燃设施时，应符合消防部门的有关规定。卷扬机棚应保证视线良好；搅拌机棚前后台应整洁，前台有排水措施，在冬季施工期间应封闭严密；各种库房应防雨、防潮，门窗加锁；办公室、更衣室应门窗整齐，不得墙皮脱离，破烂不齐。

施工现场的临设工程是直接为工程施工服务的设施，不得改变用途、移做他用（如家属住宿、开办商业、服务业网点或转租转售给其他单位和个人）。施工现场的各种临设工程应根据工程进展逐步拆除；遇有市政工程或其他正式工程施工时，必须及时拆除；全部工程竣工交付使用后，即将其拆除干净，最迟不得超过一个半月。

（6）成品保护

施工现场应有严格的成品保护措施和制度。凡成型后不再抹灰的预制楼梯板（图9-4）在安装以后即应采取护角措施。建筑物内使用手推车运输材料的，木门口应进行保护。各种大理石、水磨石及木制台板、踏步等在安装后要进行保护，避免磕碰。不准在各种成品地面上抹灰。铝合金门窗要及时粘贴保护膜，避免砂浆污染，并严防受到外力而变形。要教育全体施工人员爱护成品和半成品，禁止在建筑物上涂抹。每一道工序都要为下一道工序以至最终产品创造质量优良的条件。

图9-4 预制楼梯成品保护

（7）环境保护

施工中要注意环境保护，避免污染。注意控制和减少噪声扰民。多层高层建筑的垃圾、渣土应尽量使用临时垃圾筒漏下，或用灰斗、小车吊下，严禁自楼上向下抛洒，以免尘土飞扬。熬制沥青应采用无烟沥青锅，各种锅炉应有消烟除尘设备。含有水泥等污物的废水不得直接排出场外或直接排入市政污水管道，应在现场内设沉淀池（图9-5），经沉淀后的废水方准排出。

运输水泥、白灰等散体材料以及清运渣土、垃圾时，必须采取严密遮盖、围护措施，不得到处遗洒、飞扬。进行土方机械作业的现场应注意装车不可过满，必要时应派专人将车上表面的浮土拍实。车辆出门前的道路应设置一段焦渣路面或铺上草袋，有条件的要用水冲刷车轮（图9-6），防止车轮将泥沙带出场外。施工现场生活区要保持环境卫生，不乱扔乱倒废弃物，不随地吐痰，不随地大小便，不乱泼、乱倒脏水。

图9-5　施工现场内沉淀池

图9-6　运输车辆车轮冲刷

第二节　施工现场安全文明施工管理

一、施工现场安全文明施工管理要点

（1）现场文明施工的基本要点

① 对现场场容管理方面的要点

a.工地主要入口要设置简朴规整的大门，门旁必须设立明显的标牌，标明工程名称、施工单位和工程负责人姓名等内容。

b.建立文明施工责任制，划分区域，明确管理负责人，实行挂牌制，做到现场清洁整齐。

c.施工现场场地平整，道路坚实畅通，有排水措施，基础、地下管道施工完后要及时回填平整，清除积土。

d.施工现场的临时设施，包括生产、办公、生活用房、仓库、料场、临时上下水管道以及照明、动力线路，要严格按施工组织设计确定的施工平面图布置、搭设或埋设整齐。

e.工人操作地点和周围必须清洁、整齐，做到活完脚下清、工完场地清，丢洒在楼梯、楼板上的砂浆混凝土要及时清除，落地灰要回收过筛后使用。

f.砂浆、混凝土在搅拌、运输、使用过程中，要做到不洒、不漏、不剩，使用地点盛放砂浆、混凝土必须有容器或垫板，如有洒、漏要及时清理。

g.施工现场不准乱堆垃圾及余物。应在适当地点设置临时堆放点，并定期外运。清运渣土垃圾及流体物品，要采取遮盖防漏措施，运送途中不得遗洒。

② 对现场机械管理方面的要点

a.现场使用的机械设备，要按平面布置规划固定点存放，遵守机械安全规程，经常保持机身及周围环境的清洁，机械的标记、编号明显，安全装置可靠。

b.在用的搅拌机、砂浆机旁必须设有沉淀池，不得将浆水直接排放下水道及河流等处。

c.总之，要从安全防护、机械安全、用电安全、保卫消防、现场管理、料具管理、环境保护、环境卫生等8个方面进行定期检查。每个方面的检查都有现场状况、管理资料和职工应知三个方面的内容。

③ 施工现场安全色标管理的要点

a.安全色。安全色是表达信息含义的颜色，用来表示禁止、警告、指令、指示等，其作用在于使人们能迅速发现或分辨安全标志，提醒人们注意，预防事故发生。

b.安全标志。安全标志是指在操作人员容易产生错误，有造成事故危险的场所，为了确保安全所采取的一种标示。此标示由安全色、几何图形符号构成，是用以表达特定安全信息的特殊标志，设置安全标志的目的是为了引起人们对不安全因素的注意，预防事故的发生。

（2）文明施工的组织与管理的要点

① 组织和制度管理

a.施工现场应成立以项目经理为第一责任人的文明施工管理组织。分包单位应服从总包单位的文明施工管理组织的统一管理，并接受监督检查。

b.各项施工现场管理制度应有文明施工的规定，包括个人岗位责任制、经济责任制、安全检查制度、持证上岗制度、奖惩制度、竞赛制度和各项专业管理制度等。

c.加强和落实现场文明检查、考核及奖惩管理，以促进施工文明管理工作提高。检查范围和内容应全面周到，包括生产区、生活区、场容场貌、环境文明及制度落实等内容。检查发现的问题应采取整改措施。

② 建立收集文明施工的资料及其保存的措施

a.上级关于文明施工的标准、规定、法律法规等资料。

b.施工组织设计（方案）中对文明施工的管理规定，各阶段施工现场文明施工的措施。

c.文明施工教育、培训、考核计划的资料和文明施工活动各项记录资料。

③ 加强文明施工的宣传和教育

在坚持岗位练兵基础上，要采取派出去、请进来、短期培训、上技术课、登黑板报、广播、看录像、看电视等方法狠抓教育工作，专业管理人员应熟悉掌握文明施工的规定。

二、安全事故的处理与调查

1. 常见伤亡事故的类型与处理

（1）常见伤亡事故的类型

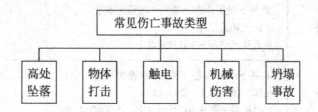

（2）常见伤亡事故的处理

① 伤亡事故处理的程序如下。

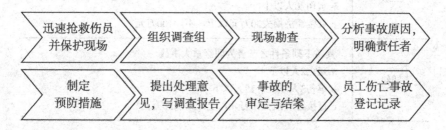

② 事故处理后需保存的资料如下。

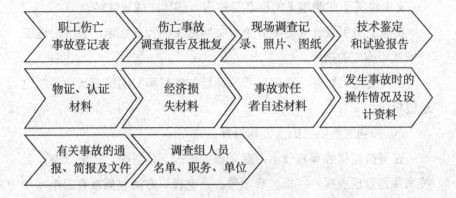

2. 重大事故的分级和报告程序

（1）重大事故分级的内容见表9-1。

表9-1　重大事故的分级

级别	具备条件
一级	具备下列条件之一者为一级重大事故 a.死亡30人以上 b.直接经济损失300万元以上
二级	具备下列条件之一者为二级重大事故 a.死亡10人以上，29人以下 b.直接经济损失100万元以上，不满300万元
三级	具备下列条件之一者为三级重大事故 a.死亡3人以上，9人以下 b.重伤20人以上 c.直接经济损失30万元以上，不满100万元
四级	具备下列条件之一者为四级重大事故 a.死亡2人以下 b.重伤3人以上，19人以下 c.直接经济损失10万元以上，不满30万元

（2）重大事故的报告程序

① 重大事故发生后，事故发生单位必须以最快方式，将事故的简要情况向上级主管部门和事故发生地的市、县级建设行政主管部门及检察、劳动（如有人身伤亡）部门报告；事故发生单位属于国务院部委的，应同时向国务院有关主管部门报告。

② 事故发生地的市、县级建设行政主管部门接到报告后，应当立即向人民政府和省、自治区、直辖市建设行政主管部门报告；省、自治区、直辖市建设行政主管部门接到报告后，应当立即向人民政府和建设部报告。

3. 重大事故的调查

（1）事故调查的基本要求

① 重大事故的调查由事故发生地的市、县级以上建设行政主管部门或国务院有关主管部门组织成立调查组负责进行。

② 一、二级重大事故由省、自治区、直辖市建设行政主管部门提出调查组组成意见，报请人民政府批准；三、四级重大事故由事故发生地的市、县级建设行政主管部门提出调查组组成意见，报请人民政府批准。

（2）调查组人员的组成与工作要求

① 调查组由建设行政主管部门、事故发生单位的主管部门和劳动等有关部门的人员组成，并应邀请人民检察机关和工会派员参加。必要时，调查组可以聘请有关方面的专家协助进行技术鉴定、事故分析和财产损失的评估工作。

② 调查组有权向事故发生单位、各有关单位和个人了解事故的有关情况，索取有关资料，任何单位和个人不得拒绝和隐瞒。

③ 事故处理完毕后，事故发生单位应当尽快写出详细的事故处理报告，按程序逐级上报。

第三节 专项施工方案的编制

一、专项施工方案的组成要素

专项施工方案编制过程中的组成要素如下。

工程概况 → 施工安排 → 施工进度计划

施工准备与资源配置计划 → 施工方法及工艺要求

二、编制专项施工方案的具体要求

1. 工程概况

（1）工程概况应包括工程主要情况、设计说明和工程施工条件等。

（2）工程主要情况应包括分部（分项）工程或专项工程名称，工程参建单位的相关情况，工程的施工范围、施工合同、招标文件或总承包单位对工程施工的重点要求等。

（3）设计说明应主要介绍施工范围内的工程设计内容和相关要求。

（4）工程施工条件应重点说明与分部（分项）工程或专项工程相关的内容。

（5）装配式混凝土结构施工除了应编制相应的施工方案外，还应把专项施工方案进行细化，具体内容如下：

① 储存场地及道路方案；

② 吊装方案（叠合板的吊装、预制墙板的吊装、楼梯的吊装）；

③ 叠合板的排架方案（独立支撑）；

④ 转换层施工，钢筋的精确定位方案；

⑤ 墙板的支撑方案（三角支撑）；

⑥ 叠合层的浇筑、拼缝方案；

⑦ 叠合层与后浇带养护方案；

⑧ 注浆施工方案；

⑨ 外挂架使用方案。

2. 施工安排

（1）工程施工目标包括进度质量、安全、环境和成本等目标，各项目标应满足施工合同、招标文件和总承包单位对工程施工的要求。

（2）工程施工顺序及施工流水段应在施工安排中确定。

（3）针对工程的重点和难点，进行施工安排并简述主要管理和技术措施。

（4）工程管理的组织机构及岗位职责应在施工安排中确定并应符合总承包单位的要求。

3. 施工进度计划

（1）分部（分项）工程或专项工程施工进度计划应按照施工安排，并结合总承包单位的施工进度计划进行编制。施工进度计划的编制应内容全面、安排合理、科学实用，在进度计划中应反映出各施工区段或各工序之间的搭接关系，施工期限和开始、结束时间。同时，施工进度计划应能体现和落实总体进度计划的目标控制要求；通过编制分部（分项）工程或专项工程进度计划进而体现总进度计划的合理性。

（2）施工进度计划可采用网络图或横道图表示，并附必要说明。

4. 施工准备与资源配置计划

（1）施工准备应包括下列内容。

① 技术准备：包括施工所需技术资料的准备、图纸深化和技术交底的要求、试验检验和测试工作计划、样板制作计划以及与相关单位的技术交接计划等。

② 现场准备：包括生产、生活等临时设施的准备以及与相关单位进行现场交接的计划等。

③ 资金准备：编制资金使用计划等。

（2）资源配置计划应包括的内容

① 劳动力配置计划：确定工程用工量并编制专业工种劳动力计划表。

② 物资配置计划：包括工程材料和设备配置计划、周转材料和施工机具配置计划以及计量、测量和检验仪器配置计划等。

5. 施工方法及工艺要求

（1）明确分部（分项）工程或专项工程施工方法并进行必要的技术核算，对主要分项工程（工序）明确施工工艺要求。施工方法是工程施工期间所采用的技术方案、工艺流程、组织措施、检验手段等。它直接影响施工进度、质量、安全以及工程成本。本条所规定的内容应比施工组织总设计和单位工程施工组织设计的相关内容更细化。

（2）对易发生质量通病、易出现安全问题、施工难度大、技术含量高的分项工程（工序）等应做出重点说明。

（3）对开发和使用的新技术、新工艺以及采用的新材料、新设备应通过必要的试验或论证并制订计划。对于工程中推广应用的新技术、新工艺、新材料和新设备，可以采用目前国家和地方推广的，也可以根据工程具体情况由企业创新；对于企业创新的技术和工艺，要制定理论和试验研究实施方案，并组织鉴定评价。

（4）对季节性施工应提出具体要求。根据施工地点的实际气候特点，提出具有针对性的施工措施。在施工过程中，还应根据气象部门的预报资料，对具体措施进行细化。

第四节　主要施工管理计划

一、主要施工管理计划的组成

主要施工管理计划主要涉及进度、质量、安全和成本等方面内容，具体内容如下。

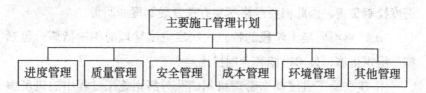

二、主要施工管理计划的具体内容

1. 进度管理计划

（1）项目施工进度管理应按照项目施工的技术规律和合理的施工顺序，保证各工序在时间上和空间上的顺利衔接。

不同的工程项目其施工技术规律和施工顺序不同。即使是同一类工程项目，其施工顺序也难以做到完全相同。因此必须根据工程特点，按照施工的技术规律和合理的组织关系，解决各工序在时间和空间上的先后顺序和搭接问题，以达到保证质量、安全施工、充分利用空间、争取时间、实现经济合理安排进度的目的。

（2）进度管理计划应包括的内容

① 对项目施工进度计划进行逐级分解，通过阶段性目标的实现保证最终工期目标的完成；在施工活动中通常是通过对最基础的分部（分项）工程的施工进度控制来保证各个单项（单位）工程或阶段

工程进度控制目标的完成，进而实现项目施工进度控制总体目标；因而需要将总体进度计划进行一系列从总体到细部、从高层次到基础层次的层层分解，一直分解到在施工现场可以直接调度控制的分部（分项）工程或施工作业过程为止。

② 建立施工进度管理的组织机构并明确职责，制定相应管理制度；施工进度管理的组织机构是实现进度计划的组织保证；它既是施工进度计划的实施组织；又是施工进度计划的控制组织；既要承担进度计划实施赋予的生产管理和施工任务，又要承担进度控制目标，对进度控制负责，因此需要严格落实有关管理制度和职责。

③ 针对不同施工阶段的特点，制定进度管理的相应措施，包括施工组织措施、技术措施和合同措施等。

④ 建立施工进度动态管理机制，及时纠正施工过程中的进度偏差，并制定特殊情况下的赶工措施；面对不断变化的客观条件，施工进度往往会产生偏差。当发生实际进度比计划进度超前或落后时，控制系统就要做出应有的反应，分析偏差产生的原因，采取相应的措施，调整原来的计划，使施工活动在新的起点上按调整后的计划继续运行，如此循环往复，直至预期计划目标的实现。

⑤ 根据项目周边环境特点，制定相应的协调措施，减少外部因素对施工进度的影响。项目周边环境是影响施工进度的重要因素之一，其不可控性大，必须重视诸如环境扰民、交通组织和偶发意外等因素，采取相应的协调措施。

2. 质量管理计划

质量管理计划应包括下列内容。

（1）按照项目具体要求确定质量目标并进行目标分解，质量指标应具有可测量性。应制定具体的项目质量目标，质量目标应不低于工程合同明示的要求。质量目标应尽可能地量化和层层分解到最基层，建立阶段性目标。

（2）建立项目质量管理的组织机构并明确职责。应明确质量管理组织机构中各重要岗位的职责，与质量有关的各岗位人员应具备与职责要求匹配的相应知识、能力和经验。

（3）制定符合项目特点的技术保障和资源保障措施，通过可靠的预防控制措施，保证质量目标的实现；应采取各种有效措施，确保项目质量目标的实现；这些措施包含但不局限于：原材料、构配件、机具的要求和检验，主要的施工工艺、主要的质量标准和检验方法，夏期、冬期和雨期施工的技术措施，关键过程、特殊过程、重点工序的质量保证措施，成品、半成品的保护措施，工作场所环境以及劳动力和资金保障措施等。

（4）建立质量过程检查制度，并对质量事故的处理做出相应规定；按质量管理八项原则中的过程方法要求，将各项活动和相关资源作为过程进行管理，建立质量过程检查、验收以及质量责任制等相关制度，对质量检查和验收标准做出规定，采取有效的纠正和预防措施，保障各工序和过程的质量。

3. 安全管理计划

（1）安全管理计划应包括的内容

① 确定项目重要危险源，制定项目职业健康安全管理目标；

② 建立有管理层次的项目安全管理组织机构并明确职责；

③ 根据项目特点，进行职业健康安全方面的资源配置；

④ 建立具有针对性的安全生产管理制度和职工安全教育培训制度；

⑤ 针对项目重要危险源，制定相应的安全技术措施；对达到一定规模的危险性较大的分部（分项）工程和特殊工种的作业应制定专项安全技术措施的编制计划；

⑥ 根据季节、气候的变化制定相应的季节性安全施工措施。

（2）施工单位应对从事预制构件吊装作业及相关人员进行安全培训与交底，明确预制构件进场、卸车、存放、吊装、就位各环节的作业风险，并制定防止危险情况的处理措施。

（3）预制构件卸车时，应按照规定的装卸顺序进行，确保车辆平衡，避免由于卸车顺序不合理导致车辆倾覆。

（4）预制构件卸车后，应将构件按编号或按使用顺序，合理有序存放于构件存放场地，并应设置临时固定措施或采用专用插放支架存放，避免构件失稳造成构件倾覆。水平构件吊点进场时必须进行明显标识。构件吊装和翻身扶直时的吊点必须符合设计规定。异性构件或无设计规定时，应经计算确定并保证使构件起吊平稳。

（5）安装作业开始前，应对安装作业区进行围护并做出明显的标识，拉警戒线，并派专人看管，严禁与安装作业无关的人员进入。

（6）已安装好的结构构件，未经有关设计和技术部门批准不得用作受力支承点和在构件上随意凿洞开孔。不得在其上堆放超过设计荷载的施工荷载。

（7）对起吊物进行移动、吊升、停止、安装时的全过程应用旗语或者通用手势信号进行指挥，信号不明不得启动，上下相互协调联系应采用对讲机。

（8）吊机吊装区域内，非作业人员严禁进入。吊运预制构件时，构件下方严禁站人，应待预制构件降落至距地面1m以内方准作业人员靠近，就位固定后方可脱钩。

① 吊起的构件应确保在起重机吊杆顶的正下方，严禁采用斜拉、斜吊，严禁起吊埋于地下或黏结在地面上的构件。

② 开始起吊时，应先将构件吊离地面200～300mm后停止起吊，并检查起重机的稳定性、制动装置的可靠性、构件的平衡性和绑扎的牢固性等，待确认无误后，方可继续起吊。已吊起的构件不得长久停

滞在空中。

（9）装配式结构在绑扎柱、墙钢筋时，应采用专用高凳作业，当高于围挡时，作业人员应佩戴穿芯自锁保险带。

（10）遇到雨、雪、雾天气，或者风力大于5级时，不得进行吊装作业。事后应及时清理冰雪并应采取防滑和防漏电措施。雨雪过后作业前，应先试吊，确认制动器灵敏可靠后方可进行作业。

4. 成本管理计划

（1）成本管理计划应以项目施工预算和施工进度计划为依据编制。

（2）成本管理计划应包括的内容

① 根据项目施工预算，制定项目施工成本目标。

② 根据施工进度计划，对项目施工成本目标进行阶段分解。

③ 建立施工成本管理的组织机构并明确职责，制定相应管理制度。

④ 采取合理的技术、组织和合同等措施，控制施工成本。

⑤ 确定科学的成本分析方法，制定必要的纠偏措施和风险控制措施。

（3）必须正确处理成本与进度、质量、安全和环境等之间的关系；成本管理是与进度管理、质量管理、安全管理和环境管理等同时进行的，是针对整体施工目标系统所实施的管理活动的一个组成部分。在成本管理中，要协调好与进度、质量、安全和环境等的关系，不能片面强调成本节约。

5. 环境管理计划

（1）环境管理计划应包括的内容

① 确定项目重要环境因素，制定项目环境管理目标。

② 建立项目环境管理的组织机构并明确职责。

③ 根据项目特点进行环境保护方面的资源配置。

④ 制定现场环境保护的控制措施。

⑤ 建立现场环境检查制度，并对环境事故的处理做出相应的规定。

⑥ 一般来讲，建筑工程常见的环境因素包括如下内容：大气污染；垃圾污染；光污染；放射性污染；生产、生活污水排放。

⑦ 建筑施工中建筑机械发出的噪声和强烈的振动。

（2）现场环境管理应符合国家和地方政府部门的要求。

（3）预制构件运输过程中，应保持车辆整洁，防止对场内道路的污染，并减少扬尘。

（4）现场各类预制构件应分别集中存放整齐，并悬挂标识牌，严禁乱堆乱放，不得占用施工临时道路，并做好防护隔离。

（5）夹心保温外墙板和预制外墙板内保温材料，采用粘接板块或喷涂工艺的保温材料，其组成原材料应彼此相容，并应对人体和环境无害。

（6）预制构件施工中产生的黏结剂、稀释剂等易燃、易爆化学制品的废弃物应及时收集送至指定储存器内并按规定回收，严禁丢弃未经处理的废弃物。

（7）在预制构件安装施工期间，应严格控制噪声，遵守《建筑施工场界噪声限值》（GB 12523—2011）的规定，加强环保意识的宣传。采用有力措施控制人为的施工噪声，严格管理，最大限度地减少噪声扰民。

（8）现场各类材料分别集中堆放整齐，并悬挂标识牌，严禁乱堆乱放，不得占用施工临时道路，并做好防护隔离。

6.其他管理计划

（1）其他管理计划宜包括绿色施工管理计划、防火保安管理计划、合同管理计划、组织协调管理计划、创优质工程管理计划、质量保修管理计划以及对施工现场人力资源、施工机具、材料设备等生产要素的管理计划等。

（2）其他管理计划可根据项目的特点和复杂程度加以取舍。

（3）各项管理计划的内容应有目标，有组织机构，有资源配置，有管理制度和技术、组织措施等。

参考文献

［1］GB 50300—2013.

［2］GB 50202—2002.

［3］GB 50203—2011.

［4］GB 50204—2015.

［5］GB 50207—2012.

［6］GB 50208—2011.

［7］土木在线. 图解安全文明现场施工. 北京：机械工业出版社，2013.

［8］北京建工集团有限责任公司. 建筑分项工程施工工艺标准（上、下册）.
第3版. 北京：中国建筑工业出版社，2008.